全国劳动预备制培训教材

计算机应用

（第二版）

劳动和社会保障部教材办公室组织编写

中国劳动社会保障出版社

图书在版编目（CIP）数据

计算机应用/王冰平主编. —2版. —北京：中国劳动社会保障出版社，2007
全国劳动预备制培训教材
ISBN 978-7-5045-5999-9

Ⅰ. 计… Ⅱ. 王… Ⅲ. 电子计算机-基本知识 Ⅳ. TP3

中国版本图书馆 CIP 数据核字（2007）第 035297 号

中国劳动社会保障出版社出版发行
（北京市惠新东街1号 邮政编码：100029）
出 版 人：张梦欣

*

中国铁道出版社印刷厂印刷装订 新华书店经销
850毫米×1168毫米 32开本 6.875印张 167千字
2007年4月第2版 2016年8月第11次印刷
定价：12.00元

读者服务部电话：（010）64929211/64921644/84626437
营销部电话：（010）64961894
出版社网址：http://www.class.com.cn

版权专有 侵权必究

如有印装差错，请与本社联系调换：（010）50948191
我社将与版权执法机关配合，大力打击盗印、销售和使用盗版图书活动，敬请广大读者协助举报，经查实将给予举报者奖励。
举报电话：（010）64954652

前　言

目前，我国正在推行一项新的劳动制度——劳动预备制，即是对新生劳动力实行追加 1~3 年的职业教育和培训，帮助其提高就业能力，在具备相应的职业资格后，在国家政策指导和帮助下实现就业。

实施劳动预备制度是深化劳动制度改革的重要措施，是培育和发展劳动力市场的一项基本建设。实施这项制度，对缓解就业压力、保持我国就业局势的稳定和提高劳动者整体素质具有重要意义。

实施劳动预备制，搞好教材建设是重要的一环。为解决当前实施劳动预备制对教材的急需，我们会同中国劳动出版社组织编写了法律常识、职业道德、就业指导、实用写作、英语日常用语、交际礼仪、劳动保护知识、计算机应用、应用数学、实用物理知识等 10 门公共课教材，并根据劳动预备制培训的实际需要，在现有的和准备编写的就业训练和技工学校教材中，挑选出机械、家电修理、汽车修理、电工、化工、锅炉运行、公关、会计、商业营业、会计统计、宾馆服务、美容美发、广告装潢、服装裁剪、中式烹调、计算机等 17 类百余种教材，供劳动预备制试点单位开展培训工作时使用。

实施劳动预备制是一项新的工作,对教材建设提出了新的要求,我们正在抓紧做好这方面的工作。现在编写和推荐的这套教材,是劳动预备制教材建设的初步尝试。我们力求通过这套教材,使经过培训的人员掌握从业必备的基本知识和专业技能,具有良好思想品质和职业道德,成为素质较高的劳动者。

在编写这套教材的过程中,编写人员克服困难,在较短的时间内完成了这项工作,在此谨向为编写这套教材付出辛勤劳动的有关同志表示衷心感谢!

由于编写时间仓促,这套教材尚有许多不足之处,我们将在劳动预备制试点城市试用过程中,听取各方面的意见,再进行修订,使其更加完善。

劳动部职业技能开发司
1997 年 7 月

内容简介

本书是由劳动和社会保障部教材办公室组织编写的，供劳动预备制培训使用的公共课教材。

本书主要内容包括：微型计算机基础知识、操作系统软件 Windows XP 的应用、键盘与文字录入、文字处理软件 Word 的应用、电子表格软件 Excel 的应用、Internet 的应用等。

本书试用版由朱志辉、邝小平、龙小波编写，陈齐一主审。

本书再版由王冰平主编，参加编写的有吴友忠、王正泰、李珍等，由郭韶华主审。

再版说明

全国劳动预备制培训教材公共课（试用）自 1997 年问世以来已经历时近 10 年，在这 10 年中，这套教材最初在劳动预备制试点城市试用，后来推向全国，在使用过程中受到用书单位的好评，为推动劳动预备制培训和职业技能培训工作发挥了积极的作用。

今天，我们对全国劳动预备制培训教材公共课（试用）进行了系统的分析，结合使用单位在使用过程中提出的中肯意见，对图书进行了重新整合，使其更适应市场的需求。例如，充分考虑培训对象的接受能力和学习效果，删除了原版教材中过深的理论、过多的知识要求，增加了大量案例教学，通过案例分析诠释重点与难点等。

修订后的教材还会存在不足之处，恳请各地有关专家、教师与学生将使用过程中遇到的问题反馈给我们，以便我们做好以后的修订工作，使本套教材能够为全国劳动预备制培训和职业技能培训工作做出更大的贡献。

劳动和社会保障部教材办公室
2007 年 4 月

目 录

第一章 计算机基础知识 /1

§1—1 电子计算机的发展与应用 /1

§1—2 微型计算机系统组成 /4

§1—3 安全使用计算机 /15

习题 /19

第二章 操作系统 Windows XP 的应用 /20

§2—1 Windows XP 的桌面 /20

§2—2 Windows XP 的基本操作 /24

§2—3 使用"开始"菜单 /29

§2—4 计算机资源管理 /32

§2—5 系统设置 /45

习题 /48

第三章 键盘与文字录入 /50

§3—1 键盘键位及其功能 /50

§3—2 键盘操作 /54

§3—3 汉字输入方法 /58

§3—4 五笔字型输入法 /63

习题 /86

第四章 文字处理软件 Word 的应用 /89

§4—1　Word 2002 简介　/89

§4—2　创建和打开文档　/92

§4—3　Word 2002 的编辑操作　/99

§4—4　Word 2002 的排版操作　/106

§4—5　页面版式设计　/111

§4—6　Word 2002 的表格制作　/117

§4—7　Word 2002 的图形操作　/128

§4—8　插入对象　/131

§4—9　文档的打印和预览　/135

习题　/137

第五章 电子表格软件 Excel 的应用 /139

§5—1　Excel 2002 简介　/139

§5—2　工作簿和工作表的管理　/143

§5—3　工作表的基本操作　/147

§5—4　格式化工作表　/156

§5—5　公式和函数　/163

§5—6　数据管理与分析　/170

§5—7　应用图表　/176

§5—8　预览和打印　/183

习题　/184

第六章　Internet 的应用　/186

§6—1　Internet 概述　/186
§6—2　Internet Explorer 6.0 的使用　/192
习题　/207

第一章 计算机基础知识

学习要点

1. 通过学习了解计算机的发展、分类与应用；
2. 掌握计算机系统的组成以及各部分的作用；
3. 熟悉使用计算机的安全知识。

§1—1 电子计算机的发展与应用

人们通常所说的计算机是指电子数字计算机。电子数字计算机是一种能自动、精确、快速地对各种信息进行存储、处理和传输的电子设备，它是20世纪重大科技发明之一。电子数字计算机以数字化形式处理信息，具有运算速度快、计算精度高、记忆能力强等特点，且具有逻辑判断能力，并可通过程序实现信息处理的高度自动化。目前它已经应用于社会的各个领域，推动了信息社会的到来。

一、电子计算机的发展

1946年，美国宾夕法尼亚大学成功研制了世界上第一台电子数字计算机，它的名字叫ENIAC，由18 000个电子管和1 500个继电器组成，耗电150 kW，重30 t，占地170 m^2，每秒钟能完成5 000次运算。尽管与现今的计算机相比，它体积大、功耗高、性能差、速度慢，但它标志着人类从此进入了电子计算机时代，具有划时代的意义。

从第一台计算机诞生到现在，计算机技术的发展经历了大型机、微型机和网络三个阶段。根据计算机所采用的电子元件，通常可将其划分为电子管、晶体管、集成电路和大规模集成电路四代。

第一代计算机（1946—1958年）：以电子管为逻辑开关元件，内存采用磁鼓，外存采用磁带、纸带、卡片等；运算速度为每秒几千至几万次；主要使用机器语言；它体积大、速度慢、存储容量小、可靠性差、不易掌握，主要用于军事和科学研究领域的数值计算。

第二代计算机（1958—1964年）：以半导体晶体管为逻辑开关元件，内存使用磁芯，外存采用磁带和磁盘；运算速度达每秒几万至几十万次；开始使用系统软件和高级语言；使用范围也从数值计算扩展到数据处理。

第三代计算机（1965—1971年）：采用小规模集成电路作为逻辑开关元件，内存使用半导体存储器，外存仍以磁盘为主；体积小，速度快，运算速度达到每秒几千万次；使用操作系统和结构化的程序设计语言。它应用于科学计算、数据处理、过程控制等领域。

第四代计算机（1971年至今）：使用大规模和超大规模集成电路为逻辑开关元件，内存采用半导体存储器，外存采用磁盘、光盘；运算速度达到每秒几百万至上亿次；体积、重量、成本大幅降低；所使用的操作系统、程序设计语言和数据库管理系统也进一步发展。计算机应用已经遍及社会各个领域。

二、计算机的分类

计算机分类的方法比较多。根据计算机的规模以及各项综合指标，可把计算机划分为微型计算机、工作站、小型机、大型机和巨型机。

1. 微型计算机

微型计算机又称个人计算机或PC机，目前已经应用于社会的各个领域并进入家庭。它的特点是体积小、功耗低、价格便宜，并且易于使用。

2. 工作站

工作站是介于 PC 机和小型机之间的一种高档微机。工作站通常配有高分辨率的大屏幕显示器和大容量的内、外存储器，具有较强的数据处理能力和高性能的图形功能。工作站上配置的操作系统通常是 UNIX 或 Windows NT。

3. 小型机

小型机的特点是结构简单、成本低，适用于中小用户，主要用于过程控制、数据监控、数据通信和计算机辅助设计等领域。

4. 大型机

大型机是计算机家族中最年轻的成员。发展大型机主要是为了在力求保持或略微降低巨型机性能的前提下，较大幅度地降低巨型机的价格。

5. 巨型机

巨型机又称为超级计算机。它是计算机中价格最贵、功能最强的一类。在现代科学技术领域，尤其是在国防科技尖端技术中，往往要求计算机既具有很高的处理速度，又具有很大的存储容量，于是巨型机应运而生。我国银河系列计算机就属于巨型机。巨型机主要应用于战略武器设计、空间技术、天气预报等领域。

三、计算机的主要应用

计算机具有处理速度快、存储容量大、运行全自动、可靠性高等优点，目前已广泛应用于科学研究、国防、商业、教育、办公事务以及日常生活的各个领域。在信息时代，人们从事各项活动都离不开计算机系统的支持。电子计算机在各个领域的应用可概括为以下几个方面。

1. 数值计算

电子计算机最突出的特点是运算的高速度和高精度，因而它最适用于科学计算。计算速度可以达到每秒上亿次，使过去一些不可能实现的运算得以实现。科学研究、航空航天、天气预报、石油勘探、军事领域等都需要使用计算机进行数值计算。

2. 数据处理

数据处理是指计算机对数据进行采集、分类、排序、计算、统计、制表、存储和传输等方面的加工操作。当今大多数计算机不是用于数值计算，而是用于数据处理。例如：计算机应用于企事业的人事管理、工资管理、文件管理、资料管理、人口信息管理等。

3. 过程控制

计算机加上传感器设备及模/数转换器，就构成了自动控制系统。它通过检测设备实时地测量某物理量，经模/数转换后送入计算机。计算机根据预置的程序对数据进行分析，并采取相应的控制操作，从而实现由计算机控制的自动化以及实时的过程控制。

4. 辅助系统

利用计算机软件作为辅助工具的计算机系统叫做辅助系统。它包括计算机辅助设计（CAD）、计算机辅助制造（CAM）、计算机辅助教学（CAI）等。

5. 办公自动化

办公自动化是计算机、通信、文秘、行政等多学科技术在办公方面的应用，是以计算机为主体对数据进行收集、分类、整理、加工、存储和传输。它开辟了数字和网络时代办公的全新概念。

§1—2 微型计算机系统组成

目前，社会各领域广泛使用的是微型计算机。微型计算机除了具有一般计算机的普遍特性之外，还具有体积小、重量轻、功率小、对环境要求不高、可靠性好、价格低廉、易于成批生产等特点，因此很快崛起于计算机领域。微型计算机的出现，大大推动了计算机的应用和普及。微型计算机系统由硬件系统和软件系统两个部分组成。计算机系统的总体结构如图1—1所示。

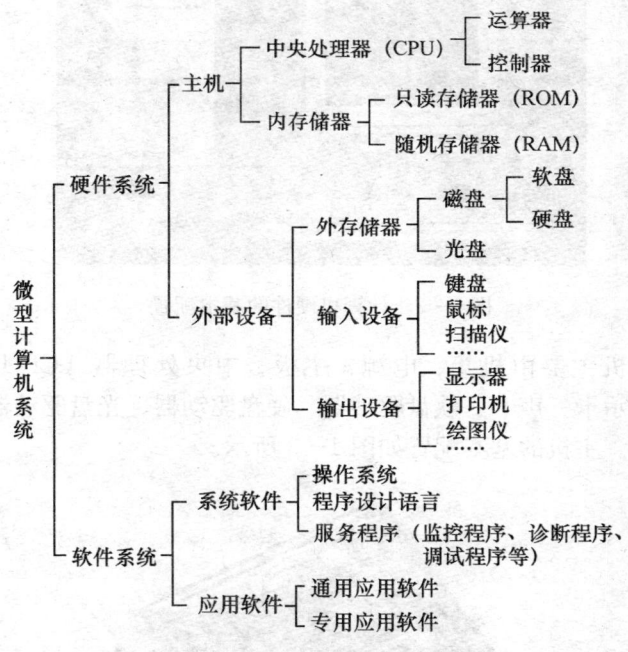

图1—1　计算机系统的总体结构

硬件是指构成计算机的各种可见实体，如键盘、机箱、显示器、鼠标等。软件是指装入计算机的程序文件和数据文件，如操作系统Windows XP、办公软件Office XP以及数据库管理系统等。要使计算机能够正常工作，硬件和软件缺一不可。如果没有硬件，软件将失去运行的基础；如果没有软件，计算机硬件也发挥不了作用。

一、硬件系统

计算机硬件的基本配置有主机、显示器、键盘、鼠标等，如图1—2所示。

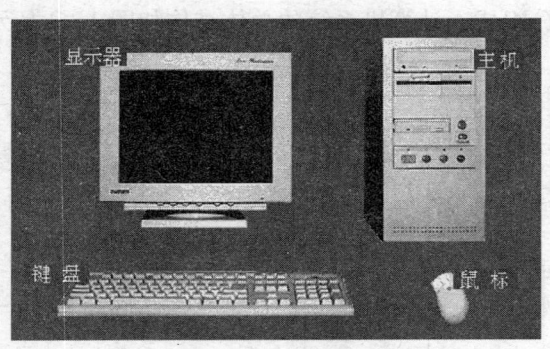

图1—2 计算机硬件的基本配置

主机主要由机箱、电源、主板、中央处理器（CPU）、内存、显示卡、声卡、软盘驱动器、硬盘驱动器、光盘驱动器等设备组成。主机的基本配置如图1—3所示。

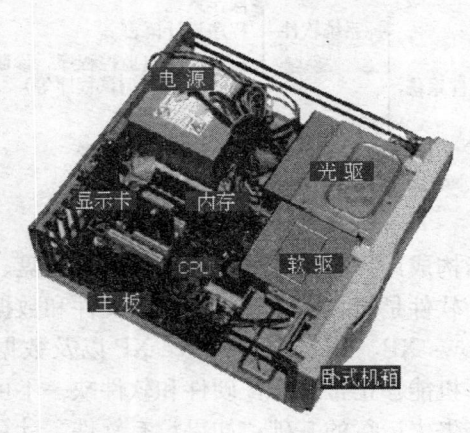

图1—3 主机的基本配置

1. 机箱

机箱有卧式和立式两种。计算机的中央处理器、内存、硬盘驱动器、软盘驱动器、光盘驱动器以及声卡、显示卡等都装在机箱中。机箱面板上有电源开关与指示灯,用于开机和显示计算机工作的状态。

2. 电源

电源输出直流电,供主板、硬盘驱动器、光盘驱动器、软盘驱动器、CPU 风扇等部件使用。现在的计算机多数采用 ATX 电源,ATX 电源支持远程开机、关机,以及自动开关机等功能。

3. 主板

主板又称母板或系统板。主板是安装在主机机箱内的一块矩形电路板,上面有控制芯片组、BIOS 芯片、各种输入输出接口、键盘、鼠标和面板控制控制开关接口、指示灯接插件、扩充插槽及直流电源供电接插件等元件,如图 1—4 所示。CPU、内存条

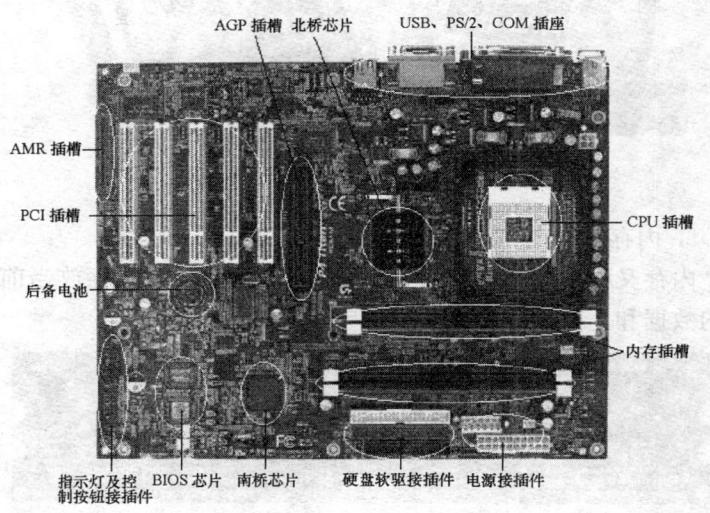

图 1—4 主板的结构

插接在主板的相应插槽中,驱动器、电源等硬件连接在主板上。主板上的扩充插槽用于插接各种接口卡,这些接口卡扩展了计算机的功能。主板的类型和档次决定着计算机硬件系统的类型和档次,主板的性能影响着整个计算机系统的性能。

4. 中央处理器

中央处理器又称微处理器(Central Processing Unit,简写为 CPU),如图 1—5 所示。CPU 由运算器和控制器组成,主要用于数据的计算和控制。目前市场上的 CPU 主要为 Intel 和 AMD 两家公司的产品,现在的 CPU 时钟频率已超过 3 GHz,且支持最新多媒体指令。

图 1—5 中央处理器

5. 内存

内存又称内存条,如图 1—6 所示,是用于暂时存放当前处理的数据和正在运行的程序的半导体存储器。

图 1—6 内存

6. 显示卡

显示卡又称显卡,如图1—7所示,是连接主板与显示器的接口卡。它的作用是将主机的输出信息转换成字符、图形等信息并传送到显示器上显示。

图1—7 显示卡的结构

7. 声卡

声卡是计算机用来处理声音信息的接口卡,如图1—8所示。

图1—8 声卡的结构

声卡可以把从声音输入设备输入的声音模拟信号转换成数字信号传给计算机处理,还可以把数字信号还原成模拟信号输出。现在计算机的声卡多制成芯片集成在主板上。

8. 软盘驱动器

软盘驱动器又称软驱,用于读取软盘上的信息。目前计算机上配置的多为3.5英寸1.44 MB软盘驱动器,如图1—9所示。

图1—9　软盘驱动器

9. 硬盘驱动器

硬盘驱动器也称硬盘,如图1—10所示,主要用于存放计算机操作系统、各种应用软件和数据文件,其存储容量是目前所有存储器中最大的。

图1—10　硬盘驱动器

10. 光盘驱动器

光盘驱动器又称光驱，如图 1—11 所示。目前主要有两种：一种是 Compact Disk Driver（紧密盘驱动器，简称 CD Driver），它所使用的存储介质为普通 CD；另外一种是 Digital Versatile Disk Driver（数字化多功能光盘驱动器，简称 DVD Driver），它所使用的存储介质为 DVD。

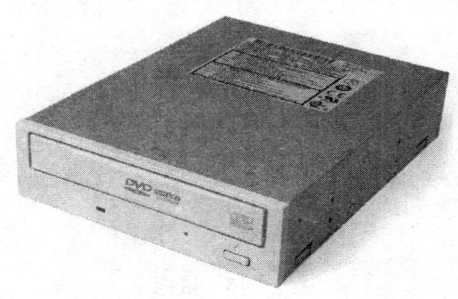

图 1—11 光盘驱动器

11. 键盘

键盘是计算机的基本输入设备，如图 1—12 所示，通过电缆与计算机主板相连接。它将用户输入的信息转换为电磁信号输入计算机，用户要处理的各种信息或命令可通过键盘输入计

图 1—12 键盘

算机。

12. 鼠标

鼠标是计算机的基本输入设备，如图1—13所示，它通过电缆与计算机主板相连接。由于通过鼠标的移动，光标能在屏幕上方便定位与选择，鼠标已成为图形操作系统必备的输入设备。鼠标主要有机械式与光电式两种。

图1—13　鼠标

13. 显示器

显示器又称监视器，是计算机的标准输出设备，如图1—14所示。它将计算机输出的电信号转换成图像，通过屏幕显示出

图1—14　显示器

a) 阴极射线管显示器（CRT）　　b) 液晶显示器（LCD）

来，是人机对话的窗口。显示器主要有阴极射线管显示器（CRT）与液晶显示器（LCD）两种。

二、软件

软件是计算机系统的重要组成部分，所有的计算机都必须有相应的软件支持才能正常工作。软件分为系统软件和应用软件。

1. 系统软件

系统软件是管理、监控和维护计算机资源的软件，它具有通用性和支持性。系统软件包含有操作系统和语言程序等。

系统软件中最重要的是操作系统（Operating System）。操作系统是一批系统程序的集合，它的主要作用是对计算机的硬件、软件资源进行全面的控制和管理，为用户创造方便、有效和可靠的工作环境，它是用户与计算机之间联系的平台。操作系统的主要任务有：统一管理计算机中各种软、硬件资源，合理组织计算机的工作流程，协调计算机各部件之间、系统与用户之间、用户与用户之间的工作等。计算机的操作系统目前主要有 DOS, Windows, Unix, Linux 等，其中 Windows 操作系统是目前应用最广的操作系统。

语言程序是人指挥计算机工作的程序。它包括汇编语言、高级语言的解释程序和编译程序等。在操作系统支持下，有许多实用软件可供用户使用，如高级语言及汇编语言的语言处理程序（编译程序、解释程序和汇编程序）、数据库管理系统等。

2. 应用软件

应用软件是用户利用计算机系统软件及工具软件为解决各种实际问题所编写的程序的总称。编写计算机程序所用的语言就是程序设计语言，即语言程序。

应用软件一般可分为两大类：一类为通用应用软件，如文字处理软件（如 Word, WPS）、电子表格处理软件（如 Excel）、游戏软件等；另一类为专用应用软件，是用户为了某一具体目的而开发的应用软件，只供用户特殊的需要使用，如财务管理软件、档案管理软件、商业管理软件等。

三、微型计算机的主要技术指标

当选购或使用计算机时,首先要通过计算机的技术指标来了解计算机的性能。计算机的技术指标有很多,衡量计算机的性能不应单看某一个指标,而要全面地综合衡量。衡量一台微型计算机的主要技术指标如下。

1. 字长

在计算机中作为一个整体被传送和运算的一串二进制数码称为字(Word)。字所包含的二进制数称为字长。早期的微机有 8 位机和 16 位机,分别指它们的微处理器 CPU 字长是 8 位和 16 位。目前的微机字长大多为 32 位。

2. 速度

衡量计算机速度的指标主要有三个:主频、运算速度、存储速度。

(1) 主频。主频指 CPU 的时钟频率,它在很大程度上决定了计算机的运算速度。8088 的最高主频为 4.77 MHz,80386 为 16 MHz,80486 为 33 MHz,Pentium 为 200 MHz,其后的 PentiumⅡ,PentiumⅢ更高,如 PentiumⅢ的最高主频为 1.4 GHz。一台微机的主频参数通常跟计算机的型号标在一起,目前的 Pentium4 已经超越了 3 GHz 的界限。

(2) 运算速度。运算速度指计算机每秒钟执行的指令数,单位有 MIPS(每秒百万条指令)和 MFIOPS(每秒百万条浮点指令)。运算速度不仅与 CPU 的主频有关,也受系统前端总线工作频率即"外频"的影响。

(3) 存储速度。存储速度是指存储器完成读(取)或写(存)操作所需要的单位时间。

3. 内存容量

内存容量是指微型计算机内存条的存储容量。内存容量越大,能存储的信息就越多,运行的软件功能就越丰富,信息处理能力就越强。目前主流微机的内存容量一般为 256~512 MB。

4. 外存容量

外存容量是指外存储器的容量,通常是指硬盘容量。微型计算机外存容量一般指软盘、硬盘、光盘所能容纳的信息量。容量的单位是兆字节(MB)或吉字节(GB)。

5. 可靠性

可靠性是指在规定的时间内,计算机系统能正常运转的概率。通常用平均无故障时间 MTBF(Mean Time Between Failures)来计量。MTBF 指系统能正常工作的平均时间。MTBF 越长,系统的可靠性越高。不正常运转的直接表现就是"死机"和"非法操作"等现象。

6. 人性化指标

随着个人计算机进入家庭,各种人性化指标已变得非常重要。比如,整机的性能/价格比、电磁辐射量、适合不同手形的鼠标、耗电量和可扩展性等。

衡量一台计算机除以上主要技术指标外,还有系统的兼容性、可维护性、外部设备配置情况等方面。

§1—3 安全使用计算机

为了保证计算机系统的正常运行,充分发挥计算机的功能,延长其使用寿命,用户应当掌握安全使用计算机的知识。

一、环境要求

计算机的环境要求是指计算机对其工作的物理环境方面的要求。近些年微机的质量和可靠性有了很大提高,可以适应一般办公室的工作环境。但是,一个良好的环境仍是计算机正常工作的基础。计算机工作的环境温度以 10~35℃为宜;相对湿度以 30%~70%为宜。湿度太大会对元件造成氧化腐蚀,造成短路;

湿度太小会产生静电干扰。室内的灰尘过多会对计算机产生很大损害，较常见的故障是因灰尘过多造成软盘驱动器和打印机工作不正常。市电一般不太稳定，易受外界干扰，尤其在用电高峰期，因此计算机最好配有 UPS 不间断稳压电源，以避免因电压不稳或突然断电损坏机器和丢失数据。另外，计算机使用的电源应接有地线。

二、计算机维护

有些用户在使用计算机时，往往因做法不得当，造成数据丢失、硬件损坏等事故。其实，在平时使用计算机时养成良好的习惯，这些问题是可以避免的。

1. 开关机顺序要正确

开机顺序是：先开外围设备（显示器、打印机等），再开主机；关机顺序是：先关主机，再关外围设备。只有这样，主机才不会因开关机时的电压波动而损坏。

2. 开机加电后，各种设备不可随意插拔和搬动

尤其不要带电插拔各种电缆线，更不能随意打开主机箱或带电插拔板卡，否则容易烧坏接口卡。这些工作必须在所有设备断电的情况下进行（采用 USB、IEEE1394 等支持"热插拔"技术接口的设备除外）。

当软盘驱动器正在读写时，相应的指示灯亮，此时不要抽出或插入盘片，否则会使盘上数据破坏，甚至毁坏磁头。

当硬盘驱动器读写灯亮时不可以关掉电源，否则容易划伤硬盘盘片，甚至将硬盘报废。已破损的磁盘不能再放在驱动器中使用，以免损坏驱动器的读写头。

3. 不宜频繁开关计算机

因为电子元器件在通电时温度升高，断电时温度下降，经常冷热变化会使计算机的元器件提前老化。

4. 计算机不宜靠近强磁场

例如磁铁、大功率音箱、电扇等。因为计算机显示器在磁场

作用下会产生图像变形,如果长时间受其影响,显示器图像将会形成永久性扭曲。另外,计算机不宜靠近火炉、暖气等热源,以防机器温度太高。

5. 避免硬盘的非常规操作

销售厂家一般都已做好了计算机硬盘的初始化、分区及格式化,用户应尽量少做或不做这些操作。

6. 定期备份

硬盘中往往存有用户常用及非常重要的程序和数据,所以要养成定期备份的好习惯,即使硬盘出现故障,也不会造成太大的损失。

7. 不宜使用外来软件

若必须使用,则需在使用前用杀毒软件检查,以确保无毒。

三、防治计算机病毒

计算机病毒是一种人为设计的程序,通常具有自我复制能力,通过非授权入侵而隐藏在可执行程序和数据文件中,影响和破坏正常程序的执行和数据安全,具有相当大的破坏性。病毒一旦进入计算机,就会快速地扩散,具有很强的传染性。传染性是计算机病毒最根本的特征,也是病毒与正常程序的本质区别。目前世界各国纷纷将制造计算机病毒的行为列入计算机犯罪的范畴,并制定相关法律进行制裁。我国公安部计算机安全司是对计算机进行安全管理的专业司法机关,在计算机安全防范方面做了许多工作。

计算机病毒也有良性和恶性之分。一些危害较轻的计算机病毒属于恶作剧性质。例如,使计算机突然发出鸣叫或是奏起乐曲,或者在屏幕上下起字符雨等。它们使计算机出现一些暂时的故障,不能正常工作,这些病毒称为"良性"病毒。

"恶性"病毒所带来的危害往往是难以估量的。它可能毁坏计算机中存储的数据和文件,也可能使计算机无法启动,致使整个系统瘫痪。例如CIH病毒是典型的恶性病毒。

1. 计算机病毒的特点

(1) 传染性。计算机病毒具有很强的再生机制,可以迅速地在内存、软盘、硬盘之间传染,也可能传到计算机网络中去。

(2) 隐蔽性。计算机病毒依附在载体上,在发作以前不易被发现。一旦被发现,可能系统各方面都已经受到感染。

(3) 潜伏性。一个编制巧妙的计算机病毒程序,可以在几周或几个月内进行传播和再生而不被发现。

(4) 触发性。计算机病毒一般都安排在计算机系统时钟满足某一特定时刻才发作,例如"13日星期五病毒"只在计算机系统的系统时钟同时满足"13日"和"星期五"这两个条件时,病毒才开始其破坏活动。

(5) 破坏性。计算机病毒程序一般都会给计算机系统造成或轻或重的损害,主要体现为占用系统资源、破坏数据、干扰运行和摧毁系统等。

2. 感染计算机病毒的一般征兆

(1) 屏幕上出现异常画面或提示信息(与程序无关的提示)等。例如,乒乓病毒、火炬病毒等。

(2) 喇叭突然出现莫名其妙的声音或乐曲。例如,杨基·都德病毒。

(3) 计算机系统异常,出现异常死机,运行速度减慢,程序或数据无故丢失,文件的长度和日期发生变化,内存空间减少等。

(4) 在没有执行磁盘操作时,软驱或硬盘指示灯亮,无故读写磁盘,或是在执行读操作时,出现"写保护错误"信息提示。

(5) 打印机突然停止工作或工作不正常,软、硬盘突然不能读写,属于病毒中断或破坏了计算机的输入/输出控制。

3. 计算机病毒的预防

对计算机病毒的预防主要是管理预防,包括以下4个方面。

(1) 法律制度。明确制造计算机病毒是违法行为,对制造计算机病毒者实施法律制裁。

（2）加强对计算机系统的管理。建立计算机使用管理制度，规定使用权限，定期检查、清除病毒。有针对性地预报可能发作的病毒。

（3）加强宣传、教育。使用户了解计算机病毒的常识和危害，尊重知识产权，不随意复制、使用非法软件。

（4）文件备份。要经常对重要的文件和数据进行备份处理。对写有重要数据的软盘及时作写保护。

4. 病毒的清除

检查和清除病毒可使用杀毒软件，例如，国内知名的江民杀毒软件 KV 系列，冠群金辰 Kill 系列和瑞星杀毒软件系列等杀毒软件，都会针对新生病毒的流行趋势及时增加杀毒功能，并以多种方式提供软件的升级版。

 习题

1. 计算机的应用领域主要有哪些？
2. 电子计算机的硬件系统由哪几部分组成？
3. 计算机的外围设备有哪些？
4. 如何开关计算机？
5. 什么是计算机病毒？应当如何防治？

第二章 操作系统 Windows XP 的应用

学习要点

1. 通过学习熟悉 Windows XP 桌面的组成；
2. 掌握 Windows XP 鼠标、窗口、启动程序和关机等基本操作；
3. 掌握计算机资源管理与系统设置。

目前，微型计算机上安装的操作系统大多是 Windows XP 中文版。本章以 Windows XP 中文版为例来介绍操作系统的使用。

§2—1 Windows XP 的桌面

打开计算机的电源开关，Windows XP 将自行启动，在输入用户名和密码后，屏幕上出现的第一个界面是"桌面"，Windows XP 的所有操作都是从这里开始。桌面主要由"快捷图标"和"任务栏"组成，如图 2—1 所示。

一、快捷图标

图标是图形用户界面系统用于标识各类对象的图形符号。在 Windows XP 中，磁盘、光盘、打印机、文件夹、文件、应用程序等对象都可以用图标表示。

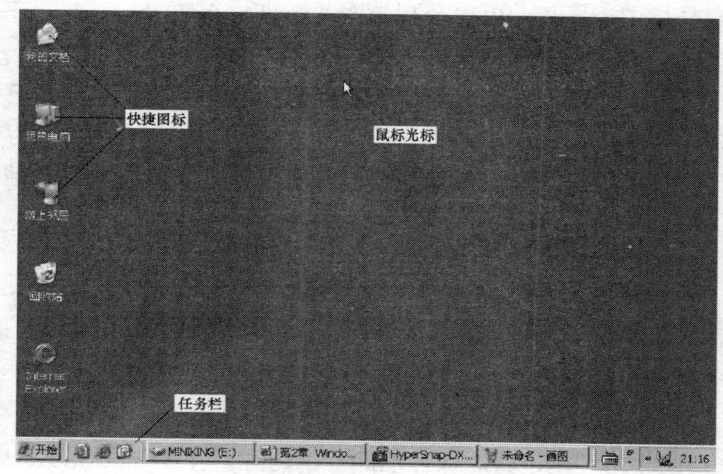

图 2—1 Windows XP 的桌面

快捷图标不是应用程序的图标，它实际上是指向某应用程序的一种链接（指针）。桌面上的图标都是快捷图标。若将鼠标指向桌面上的快捷图标，并停留片刻，即弹出该快捷图标的内容说明或文件存放路径。鼠标双击桌面上的快捷图标，即运行该应用程序，打开相应的窗口，这给用户操作带来极大方便。

Windows XP 的桌面非常简洁，桌面的背景是明亮的蓝色。默认情况下，桌面上显示有以下快捷图标。

1. 我的电脑

"我的电脑"用于管理磁盘、光盘以及映射网络驱动器中的文件夹和文件等。利用其中的"控制面板"链接，可以设置和管理计算机系统中的各种设备。

"我的电脑"是用户访问计算机资源的一个入口。用鼠标左键双击"我的电脑"窗口中某驱动器的图标，则打开该驱动器的窗口，并显示该盘上所装的所有文件夹和文件。用户可以对文件夹或文件进行访问或进行移动、复制、删除等操作。该窗口内各图标的使用方法将在以后的相关章节中进行介绍。

2. 我的文档

"我的文档"是一个默认的文件夹。用户在 Windows XP 中创建的文件或文件夹，若不指定保存位置，系统将自动将其存放于该文件夹中。当然，用户也可以将所创建的文件存放到其他指定的文件夹中。

为了帮助用户有效地管理文档，在"我的文档"窗口中，设置了"我的音乐""我的视频""图片收藏""My Webs"等子文件夹。系统还会根据用户的使用情况动态地增加新的子文件夹，以方便用户按文件类型管理个人资料。

3. 回收站

"回收站"用于暂时保存已删除的内容。在 Windows XP 中，删除硬盘中的文件或文件夹时，实际上并没有把它们从磁盘上删除，而是暂时移到"回收站"文件夹中。需要时可以恢复，不要时予以清除，以增加硬盘的自由空间。从软盘或网络驱动器中删除的内容将不送入回收站，而是直接永久地删除。

4. 网上邻居

在"网上邻居"窗口中，显示网络中可以访问的计算机和共享资源，通过窗口左边的常用工具栏中的网络任务链接，用户可以实现"添加一个网上邻居""查看网络连接""设置家庭或小型办公网络""查看工作组计算机"等操作。

5. Internet Explorer

在 Windows XP 中内置了 Internet Explorer 6.0，它是一款功能强大的网络浏览器。Internet Explorer 6.0 集成了搜索、收藏和访问历史记录等功能，并增强了安全性和稳定性。

在桌面上，除了"回收站"之外，其他快捷图标都可以删除。

二、任务栏

任务栏位于桌面的底部，可分为 5 个部分："开始"按钮、

"快速启动"栏、"任务按钮"栏、语言栏和通知区域,如图2—2所示。

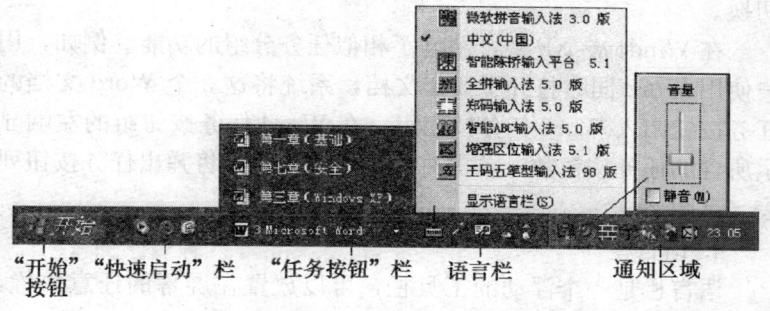

图2—2 中文Windows XP任务栏

1. "开始"按钮

"开始"按钮位于任务栏的左端,单击该按钮,即打开"开始"菜单。几乎所有的Windows操作都可以从此处开始。

2. "快速启动"栏

"开始"按钮的右侧是"快速启动"栏,其中排列着3个默认的按钮,分别是"Windows Media Player""Internet Explorer"和"显示桌面"按钮。

用户可以添加或删除"快速启动"栏中的按钮。若要添加快速启动按钮,只要将桌面上或窗口中的快捷方式图标拖放到"快速启动"栏中。若要删除快速启动按钮,只要右击该按钮,在弹出的快捷菜单中选择"删除"命令,出现提示框后单击"是"按钮。

3. "任务按钮"栏

中文Windows XP是多任务的操作系统,可同时打开多个应用程序和文件。凡是已打开的程序皆以按钮形式显示于任务栏中部的"任务按钮"栏中。单击任务栏中某应用程序的任务按钮,按钮将凹下去,该程序便成为当前应用程序,即前台程序，前台程序的窗口将覆盖其他程序的窗口。所以，单击任务栏中的应用程序的任务按钮，可以方便地实现前、后台程序的切换。

在 Windows XP 中，新增了相似任务分组的功能。例如，用户使用 Word 同时打开了 3 个文档，系统将这 3 个 Word 文档的任务按钮归入 Word 任务按钮组。在 Word 任务按钮组的左端显示所含的任务按钮数，单击右端的下拉按钮，将弹出任务按钮列表（见图 2—2）。

4. 语言栏

语言栏是一个浮动的工具栏，可以放置在屏幕的任意位置，系统默认显示于任务栏中。

单击语言栏中代表语言的按钮"■"或代表键盘的按钮"■"，弹出输入法列表（见图 2—2）。选择其中的一种语言或键盘布局，就可以进行相应的文字输入。

5. 通知区域

通知区域位于任务栏的右端，它显示发生的一定事件。例如收到电子邮件或打开"任务管理器"的通知图标；还显示快速访问程序的快捷方式，例如，"音量控制""电源选项"，以及某些暂时的快捷方式。例如，将文档发送打印机后，通知区域会出现打印机的快捷方式图标，打印完成后该图标自动消失。

通知区域中的"时钟显示"按钮显示系统当前的时间。通知区域中的"音量"按钮"■"用于控制系统的音量。

§2—2　Windows XP 的基本操作

一、鼠标操作

在 Windows 图形环境中，鼠标是最常用的输入设备。因此，用户首先要掌握鼠标操作的技能。最基本的鼠标有两种：左、右两键鼠标，左、中、右三键鼠标。Windows 仅使用鼠标的左、右两键。在 Windows 中,由于大多数鼠标操作使用左键,因此把左键操作作为默认操作;若用右键操作,则要另作说明。鼠标操作的常用术语如下。

(1) 指向。移动鼠标,使鼠标指针停留在某对象上。一般用于激活对象或显示按钮的提示信息。

(2) 单击。在某对象上按下鼠标左键然后释放,一般用于选中对象。

(3) 双击。在某对象上连续两次快速按下鼠标左键然后释放,一般用于打开文件或文件夹等。

(4) 拖放。在某对象上按下鼠标左键不放并拖动鼠标,把对象拖到另一个位置上。该操作用于改变对象位置或大小。

(5) 右击。在某对象上按下鼠标右键然后释放。一般用于激活被选对象的快捷菜单或帮助提示。单击屏幕空白部分或按下 Esc 键则关闭快捷菜单。

在鼠标操作过程中,不同的状态下鼠标指针呈现出计算机不同的工作形状。一些主要的鼠标指针形状及其意义见表 2—1。

表 2—1　　　　　　　　鼠标指针形状及意义

形状	意　义
▶	箭头,称为"移动标记",随鼠标在屏幕上移动
⌛	沙漏,称为"执行标记",表示正在执行程序,需要等待
☝	手势,称为"指向标记",表示链接点位置
I	I 字,称为"编辑标记",作为文本编辑的插入点

二、窗口操作

在 Windows XP 中,每打开一个应用程序都会打开一个相应的窗口。窗口是用户与应用程序进行沟通的界面。Windows 系统的窗口组成基本相似,熟练掌握窗口操作,对进一步学习 Office XP 及其他常用办公软件有很大帮助。下面就以"我的电脑"

窗口为例,介绍窗口的组成和操作方法。双击桌面上"我的电脑"快捷图标,打开"我的电脑"窗口,如图2—3所示。

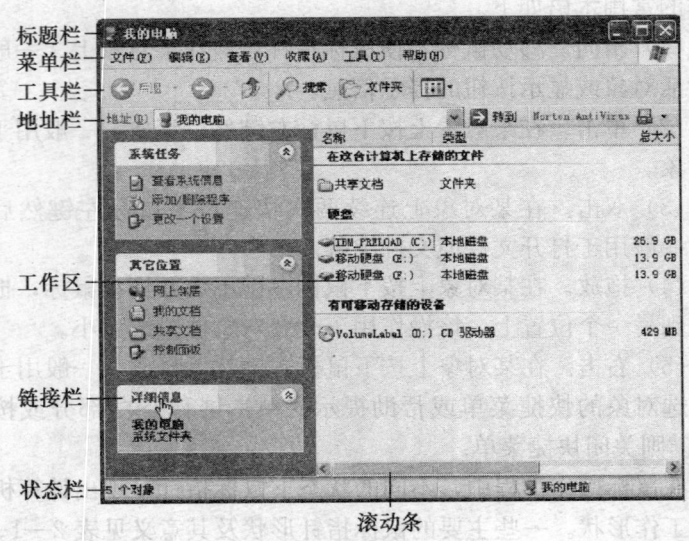

图2—3 "我的电脑"窗口

1. 窗口的组成

(1) 标题栏。标题栏位于窗口最上方。标题栏中有窗口的名称,在右上角有三个按钮,分别是最小化按钮"▬"、最大化按钮"▫"和关闭按钮"✕"。标题栏的左端是"控制菜单"图标,单击该图标或按组合键Alt+空格,即弹出下拉菜单,选择下拉菜单中的相应命令,可实现窗口的最大化、最小化、移动、还原和关闭等操作。双击标题栏中"我的电脑"图标可关闭窗口。

(2) 菜单栏。菜单栏位于标题栏的下方,它包含若干个菜单,大多数应用程序窗口的菜单栏包含有"文件""编辑""工具""帮助"等菜单。单击某个菜单,即弹出该菜单的下拉菜单。

下拉菜单中包含若干个命令，选择其中的某一个命令，即执行相应的操作。"下拉菜单"实际上是一组相关联命令的集合。

（3）工具栏。工具栏位于菜单栏的下方，工具栏中包含若干个按钮，这些按钮代表一些常用的菜单命令，如"剪切""复制""粘贴"等。将菜单中常用的命令以按钮的形式安排在工具栏中，可以使执行命令更加方便快捷。Windows 系统的窗口一般包含多个工具栏，通常情况下只显示默认的工具栏。工具栏可以显示或隐藏，一般使用"查看"菜单或"视图"菜单中的"工具栏"命令进行切换。

（4）地址栏。地址栏位于工具栏的下方。用户可以直接在地址栏中输入地址，或者单击地址栏右端的下拉按钮，在弹出的下拉列表中选择所需的地址，以便快速访问驱动器、文件夹或文件。

（5）状态栏。状态栏位于窗口的底部，用于显示当前操作的说明信息和对象的基本情况。

（6）工作区。工作区是窗口内部最大的区域，用于显示应用程序或文件所包含的内容。

（7）滚动条。当所显示的内容超过工作区的范围时，就会出现滚动条。滚动条位于窗口的右侧和底部。右侧的称为垂直滚动条，用于上下滚动窗口；底部的称为水平滚动条，用于水平滚动窗口。

（8）链接区。在 Windows XP 中，工作区的左侧新增了链接区，它以超级链接的方式为用户提供便捷的操作。

2. 窗口的操作

（1）打开窗口。用鼠标双击要打开窗口的图标，即可打开窗口。

（2）移动窗口。移动窗口即改变窗口的位置。将鼠标指针指向窗口的标题栏（活动窗口的标题栏一般为蓝色反白显示），按下鼠标左键并拖动，整个窗口也随着移动。注意，最大化的窗口无法移动。

(3) 改变窗口的大小。

1) 缩放窗口。窗口边框用于限定窗口的大小尺寸。将鼠标指向窗口四边框,待鼠标指针变成水平或垂直方向的双箭头时,按下鼠标左键并拖动,可改变窗口的宽度或高度。将鼠标指针指向窗口的四个角,待鼠标指针变成45°双向箭头时,按下鼠标左键并拖动,可以同时改变窗口的高度和宽度。

2) 窗口的最小化。单击窗口右上角的"最小化"按钮"▬",该窗口将缩小成任务图标显示于任务栏中。窗口缩小为任务图标后,该程序并未关闭,只需单击任务栏中程序任务图标,该任务图标又展开为窗口。

3) 窗口的最大化。单击窗口右上角的"最大化"按钮"□",该窗口将充满整个屏幕,同时"最大化"按钮变成了"还原"按钮"❐"。单击"还原"按钮,窗口又恢复到原来的大小,此时"还原"按钮"❐"又变成了"最大化"按钮"□"。

此外,双击标题栏可使窗口在最大化与还原两种状态之间切换。

(4) 前、后台窗口的切换。Windows XP 是多任务的操作系统,可以同时打开多个程序或文件的窗口。前、后台程序在资源没有冲突的情况下可以同时运行,前台程序窗口也称为当前窗口或活动窗口。用户一般在前台程序窗口中进行操作。

前台窗口的标题栏以亮丽的蓝色为背景,字符以反白显示。后台窗口的标题栏则暗淡显示。

切换前、后台窗口的常用方法有以下三种。

1) 窗口切换。用鼠标单击后台窗口的任一部分,即可激活后台窗口,将其转为前台活动窗口。

2) 使用 Alt+Tab 键切换窗口。有时,屏幕上有些窗口被其他窗口完全遮盖,用户看不到被遮盖的窗口。此时可以用

Alt+Tab键进行使窗口切换。按组合键Alt+Tab,弹出"切换任务"栏,如图2—4所示。按住Alt键,再按Tab键在"切换任务"栏中选择窗口,然后松开两个键,方框所选的窗口即成为当前窗口。

图2—4 "切换任务"栏

3) 使用Alt+Esc切换窗口。按住Alt键,再连续按Esc键,循环转换活动窗口,而不打开"切换任务"栏。

切换活动窗口的最佳操作方法是:用鼠标单击任务栏应用程序的任务图标,该窗口即成为活动窗口。

(5) 关闭窗口。关闭前台窗口的常用方法有以下几种:

1) 单击窗口右上角的"关闭"按钮"✕",即关闭该窗口。

2) 双击标题栏左端的"控制菜单"图标,即关闭该窗口。

3) 单击标题栏左端的"控制菜单"图标,然后选择其中的"关闭"命令,也能实现窗口的关闭,但不如使用按钮方便。

4) 按快捷键Alt+F4,即关闭该窗口。

§2—3 使用"开始"菜单

Windows XP的"开始"菜单是用户使用和管理计算机的入口。中文Windows XP的主要操作几乎都可以从这里开始。因此,熟悉"开始"菜单是操作和使用中文Windows XP的基础。

一、打开"开始"菜单

打开"开始"菜单有3种方法:

1. 鼠标单击任务栏中的"开始"按钮;
2. 直接按键盘上有视窗图标的"开始菜单"键"";
3. 按组合键 Ctrl+Esc。

使用以上 3 种方法都会弹出"开始"菜单,如图 2—5 所示。

图 2—5 "开始"菜单

二、启动应用程序

在中文 Windows XP 中,启动应用程序的方法很多。例如,双击桌面上应用程序快捷图标,或单击任务栏中的快速启动按钮等。最常用的方法是从"开始"菜单中启动应用程序。例如,要打开媒体播放器,具体操作步骤如下。

1. 单击"开始"按钮,弹出"开始"菜单。
2. 鼠标指向"所有程序"→"附件"→"娱乐"→"Win-

dows Media Player",依次弹出级联菜单(见图2—6)。

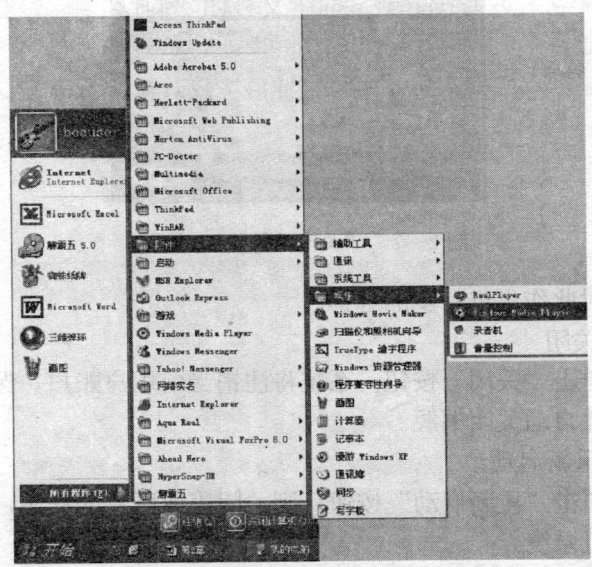

图2—6 "所有程序"级联菜单

3. 单击"Windows Media Player"命令,将打开"Windows Media Player"播放器。

三、关机

Windows XP是一个多任务的操作系统,常常是前台在运行某个应用程序,同时后台也在运行其他应用程序。如果突然关闭电源,那么这些程序的运行结果将可能丢失。Windows XP在运行时会将所产生的临时文件存放在硬盘。若正常退出Windows XP,这些临时文件将会自动删除;若突然关机,这些临时文件将驻留硬盘,而造成硬盘空间的浪费。因此,在结束工作时,应按正确的方法退出Windows XP。

单击"开始"按钮,在弹出的"开始"菜单中,单击"关闭计算机"按钮,打开"关闭计算机"对话框,如图2—7所示。

图 2—7 "关闭计算机"对话框

用户要对此作出进一步的选择。

1. 关闭

若单击"关闭"按钮,系统将注销当前用户账户,保存环境设置,并自动关闭电源。

2. 重新启动

若单击"重新启动"按钮,则关闭当前所有的程序,重新启动计算机系统。

3. 待机

若单击"待机"按钮,系统将保持当前的运行状态,计算机转入低功耗休眠状态。当用户再次使用计算机时,只要在桌面上移动鼠标或敲击键盘上任意键即恢复到原来状态。

需要注意的是,当计算机处于待机状态时,仍需电流维持其工作。因此,当计算机处于待机状态时,不可切断电源。

§2—4 计算机资源管理

Windows XP 管理计算机系统资源的主要工具有"我的电脑""我的文档""资源管理器""回收站"等。本章的第二节已经介绍了"我的电脑""我的文档"和"回收站",本节主要介绍文件和文件夹的基本概念,资源管理器、文件和文件夹的常用操作。

一、文件和文件夹管理

1. 文件和文件夹的基本概念

(1) 文件。文件指存储在计算机的存储介质中的数字、文字、图形、图像、声音等数据的集合。文件名是文件的标识。文件名通常由两部分组成，即主文件名和扩展名，两者间用圆点"."分隔。文件名的一般格式为："主文件名.扩展名"。Windows XP 支持长文件名和多间隔符。

根据文件所包含的信息的类型对文件进行分类，可以将文件分为多种类型，同一类型的文件往往用一个特定的扩展名标识。Windows XP 的文件类型很多，常用文件类型有程序文件（常用扩展名有 EXE、COM）、支持文件（常用扩展名有 OVL、SYS、DLL 等）、文本文件（常用扩展名有 TXT、HLP 等）、图像文件（常用扩展名有 BMP、GIF、JPG 等）、多媒体文件（常用扩展名有 WAV、MID、AVI 等）。

(2) 文件夹。文件夹是存放一组文件的"容器"，是文件目录概念的延伸。一般情况下可以把目录和文件夹概念等同，但是文件夹并不仅仅代表目录，还可以代表驱动器、打印机及其他设备，甚至网络计算机也可以视为文件夹。文件夹可存放文件及子文件夹，Windows XP 以文件夹的形式组织和管理文件。

Windows XP 将整个计算机系统视为一个文件夹，称为桌面文件夹。桌面文件夹与根目录概念相似，计算机系统的所有设备和文件夹都是桌面文件夹的子文件夹。

2. 资源管理器

"资源管理器"是中文 Windows XP 系统最重要的应用程序，是一个与"我的电脑"功能相同的文件夹和文件管理工具，但是"资源管理器"的工作区分为左右两个窗格，左窗格为目录树窗格，右窗格为文件夹内容窗格。这样就不必在多个文件夹窗口中来回切换，使用起来更加方便。下面介绍资源管理器的基本操作。

(1)启动资源管理器。打开"开始"菜单,选择"所有程序"→"附件"→"Windows 资源管理器"命令,即可启动并显示资源管理器,如图 2—8 所示。

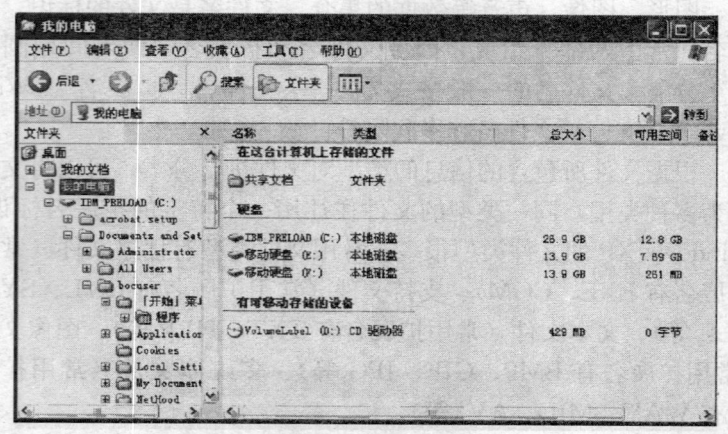

图 2—8 "资源管理器"窗口

在资源管理器窗口中,标题栏的名称随着当前选定的文件夹而改变。工作区分为左右两个窗格。左窗格又称文件夹窗格,用于显示整个计算机系统的文件夹树形结构。文件夹树的顶部为根文件夹,即"桌面"文件夹。以下依次是我的电脑、驱动器和其他文件夹。不同类型的文件夹旁边用不同的图标予以区分。一个文件夹所包含的下一层文件夹称为子文件夹。

右窗格又称文件夹内容窗格,用于显示当前文件夹中的内容,包括当前文件夹的子文件夹和文件。所谓当前文件夹即左窗格中被选中而打开的文件夹。

用户还可以调整左、右窗格的大小。将鼠标指针指向资源管理器窗口中间左、右窗格的分隔线,当鼠标指针变成水平双向箭头形状时,按住鼠标左键左右拖动分隔线,即可调整左、右窗格的大小。

(2) 查看文件夹。要查看文件夹中的内容,可以单击"资源管理器"左窗格中某文件夹,使之成为当前文件夹,此时右窗格中显示出当前文件夹下一层的所有文件夹与文件。

在"资源管理器"的左窗格中,可以看到某些文件夹图标前有"+"或"—"标记。若文件夹名的前面有一个加号"+",则表示该文件夹中含有子文件夹,可展开。若文件夹名的前面有一个减号"—",则表示该文件夹已经展开,可折叠。若文件夹名的前面既没有加号也没有减号,则表明该文件夹只含文件而不含子文件夹。

单击加号"+",则展开该文件夹。单击减号"—",则折叠该文件夹。文件夹的折叠和展开只影响其显示,并不改变其内容。

(3) 设置右窗格中文件夹和文件的显示方式。Windows XP 默认以"列表"的方式显示文件夹和文件。"列表"方式只显示每个文件夹的图标和名称。用户可单击工具栏中的"查看"按钮右侧的下拉按钮,在弹出的下拉列表中包含"缩略图""平铺""图标""列表""详细信息"5 种不同的显示方式。

"缩略图":用于显示图像文件的微缩图。

"平铺":即大图标显示方式,文件名显示于大图标的右方。

"图标":即小图标显示方式,文件名显示于小图标的下方。

"列表":只显示每个文件夹或文件的图标和名称。它是默认的显示方式。

"详细信息":显示每个文件的名称、字节大小、文件类型和最后更新日期 4 项信息。

(4) 设置右窗格中文件夹和文件的排列顺序。调整文件夹和文件的排列顺序有 3 种方法:

1) 在"资源管理器"窗口中,选择"查看"菜单的"排列图标"命令,弹出"排列图标"菜单,如图 2—9 所示。其中列出了排列图标的几个命令,其意义如下。

"名称":按文件夹或文件名的字母顺序排列。
"大小":按文件所占的字节数排列。
"类型":按文件的扩展名排列。

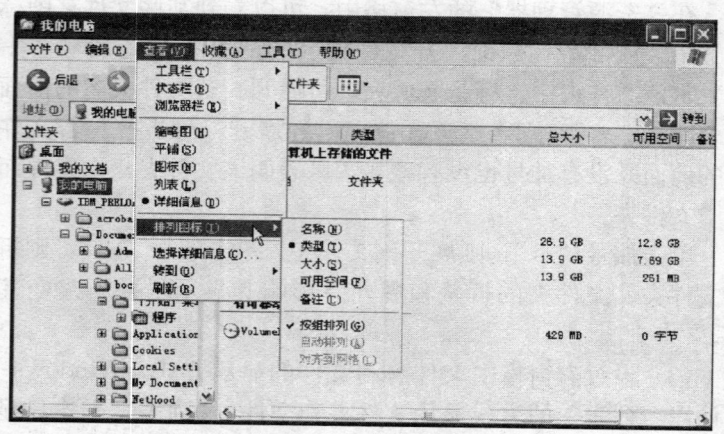

图2—9 "资源管理器"窗口的"查看"菜单

"按修改时间":按文件最后修改的时间排列。

用户可单击"排列图标"菜单中的任意一个有效命令,对文件夹和文件进行重新排序。

2) 用鼠标右击"资源管理器"窗口右窗格的空白处,弹出快捷菜单,鼠标指针指向快捷菜单中的"排列图标"命令,弹出下级菜单,如图2—10所示。用户可单击"排列图标"菜单中的任意一个有效命令,对文件夹和文件进行排序。

3) 当右窗格中的文件夹和文件以"详细信息"方式显示时,右窗格的顶端出现"名称""大小""类型""修改时间"按钮。只要单击其中任一按钮,右窗格内的文件夹和文件就根据该按钮的含义(名称、大小、类型、修改时间)按升序或者降序排列。

3. 选定文件与文件夹

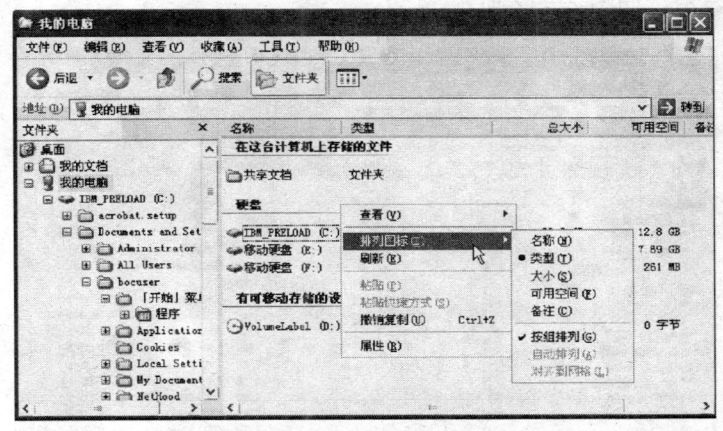

图 2—10 "排列图标"快捷菜单

在进行文件或文件夹操作之前,要先选定它们。一般先在"资源管理器"窗口左半部的文件夹窗格中选定当前文件夹,然后再在右半部文件夹内容窗格中选定所需的文件或文件夹。

(1) 选定单个文件或文件夹。在"资源管理器"窗口的右窗格中,单击所要选定的文件或文件夹即可。

(2) 选定一组连续排列的文件或文件夹。在"资源管理器"的右窗格中,单击要选定的某一组连续排列的文件或文件夹中的第一个,按住 Shift 键,然后单击要选定的最后一个文件或者文件夹,则在第一个和最后一个选定项之间的所有文件或文件夹呈反白显示(包括第一个和最后一个选定对象本身),如图 2—11 所示。

此外,按住鼠标左键拖动,让虚线框包围要选定的文件或文件夹,被虚线框所包围的文件或文件夹即被选定并呈反白显示,这是选定一组连续文件或文件夹的快捷操作方法。

(3) 选定不相邻的文件或文件夹。先按住 Ctrl 键,并单击要选定的不相邻的文件或者文件夹,被选定的每一个对象都呈反白显示,如图 2—12 所示。

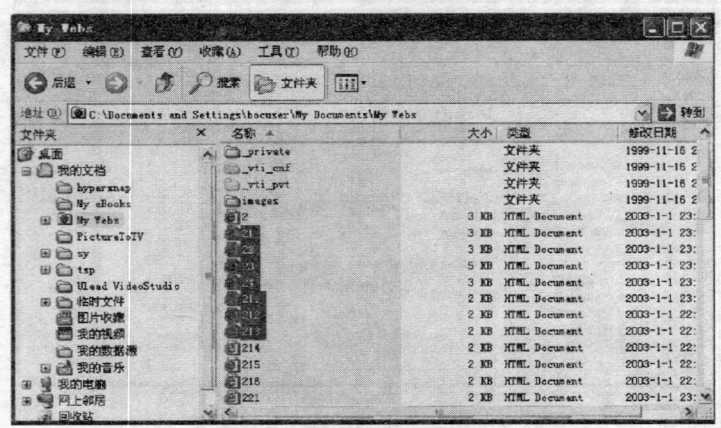

图 2—11 选定连续排列的文件或文件夹

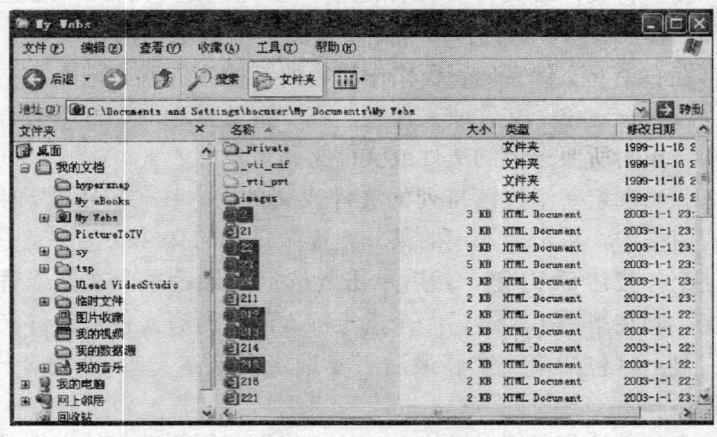

图 2—12 选定不相邻的文件或文件夹

(4)选定多组不相邻的文件或文件夹。先按住 Ctrl 键,并单击第一组的第一个文件或文件夹,然后按住 Ctrl+Shift 键,单击该组的最后一个文件或文件夹。这样就选定了该组中多个连续的文件或文件夹。用同样的方法，选定其他不相邻组中连续的文件或文件夹。

(5) 选定全部文件或文件夹。选择"编辑"菜单中的"全选"命令，或者按快捷键 Ctrl+A。

(6) 取消选定的文件或文件夹。单击窗口中任意空白处。

4. 移动或复制文件或文件夹

进行移动操作后，原位置的文件或文件夹不存在了，而被移到新的位置上；进行复制操作后，原位置的文件或文件夹仍存在，而在新的位置上产生了原文件或文件夹的副本。

(1) 使用鼠标左键拖放。

1) 在"资源管理器"窗口中，选定要移动的文件或文件夹。

2) 移动左窗格中的垂直滚动条，使目标文件夹可见。

3) 用鼠标左键将选定的文件或文件夹拖放到欲存放的目标位置（文件夹或驱动器）。

若要复制文件或文件夹，则先按住 Ctrl 键，然后再进行拖放。

(2) 使用工具栏中按钮。

1) 在"资源管理器"窗口中，选定要移动或复制的文件或文件夹。

2) 单击工具栏中的"剪切"或"复制"按钮，将需要移动或复制的对象剪切或复制到剪贴板中。

3) 选定存放的目标位置（文件夹或驱动器）。

4) 单击工具栏中的"粘贴"按钮，将选定的文件或文件夹移动或复制到目标位置。

(3) 使用菜单。

1) 在"资源管理器"窗口中，选定要移动或复制的文件或文件夹。

2) 单击菜单栏中的"编辑"菜单中的"剪切"或"复制"命令，将需要移动或复制的对象剪切或复制到剪贴板中。

3) 选定存放的目标位置(文件夹或驱动器)。

4) 单击"编辑"菜单栏中的"粘贴"命令,则将选定的文件或文件夹移动或复制到目标位置。

(4) 使用快捷菜单。

1) 在"资源管理器"窗口中,选定要移动或复制的文件或文件夹。

2) 用鼠标右键单击所选定的对象,弹出快捷菜单(见图2—13)。

3) 选择快捷菜单中的"剪切"或"复制"命令,将需要移动或复制的对象剪切或复制到剪贴板中。

4) 用鼠标右键单击左窗格中存放的目标文件夹,在快捷菜单中选择"粘贴"命令。

5) 若将鼠标指向如图 2—13 所示的快捷菜单中的"发送到"命令,弹出级联菜单,选择级联菜单中的命令,可将文件或文件夹复制到软盘、文件夹或桌面上。

5. 重新命名文件或文件夹

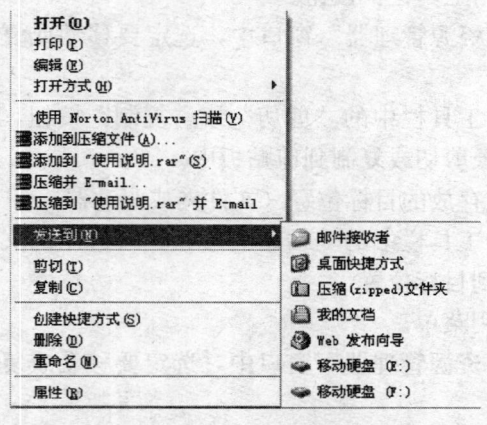

图 2—13 快捷菜单中的"发送到"命令及其级联菜单

(1) 使用鼠标。

1) 在"资源管理器"窗口中,选定(单击)要改名的文件或文件夹。

2) 第二次单击文件或文件夹的名称(不是图标),该名称即处于可编辑状态。

3) 键入新名,然后单击窗口空白处或按 Enter 键。

(2) 使用热键。

1) 在"资源管理器"窗口中,选定要改名的文件或文件夹。

2) 按 F2 键,该名称即处于可编辑状态。

3) 键入新名,然后单击窗口空白处或按 Enter 键。

(3) 使用菜单。

1) 在"资源管理器"窗口中,选定要改名的文件或文件夹。

2) 选择"文件"菜单中的"重命名"命令,该名称即处于可编辑状态。

3) 键入新名,然后单击窗口空白处或按 Enter 键。

(4) 使用快捷菜单。

1) 在"资源管理器"窗口中,用鼠标右击要改名的文件或文件夹,在弹出的快捷菜单中,选择"重命名"命令,该名称即处于可编辑状态。

2) 键入新名,然后单击窗口空白处或按 Enter 键。

6. 删除文件或文件夹

(1) 使用鼠标拖放。

1) 在"资源管理器"窗口中,选定要删除的文件或文件夹。

2) 单击"资源管理器"窗口右上角的"还原"按钮,使桌面上"回收站"的图标可见。

3) 用鼠标左键将选定的文件或文件夹拖放到"回收站"的

图标上。

(2) 使用 Delete 键。

1) 在"资源管理器"窗口中,选定要删除的文件或文件夹。

2) 按 Delete 键。若按 Shift+Delete 键,则直接将其删除而不放入"回收站"。

(3) 使用菜单。

1) 在"资源管理器"窗口中,选定要删除的文件或文件夹。

2) 选择"编辑"菜单中的"删除"命令。

(4) 使用快捷菜单。

1) 在"资源管理器"窗口中,选定要删除的文件或文件夹。

2) 用鼠标右击选定的文件或文件夹,在弹出的快捷菜单中,选择"删除"或"剪切"命令。

当一个文件或文件夹被删除后,如果用户还没有进行其他操作,则可单击工具栏中的"撤销"按钮,将刚刚删除的文件恢复;如果用户已经执行了其他操作,则必须在"回收站"窗口中,执行"文件"菜单中的"还原"命令才能恢复。

用户还应当定期清空"回收站"以释放硬盘空间。

7. 创建文件夹

新建的文件夹总是作为某个文件夹的子文件夹,因此,在创建新文件夹之前应先选择其父文件夹为当前文件夹。创建文件夹的步骤如下:

(1) 在"资源管理器"窗口左窗格文件夹树中,单击作为父文件夹的某文件夹。

(2) 选择"文件""新建""文件夹"命令,则在右窗格中出现一个新文件夹图标,其默认名称为"新建文件夹",并处于可编辑状态。

(3) 输入文件夹名,然后单击窗口空白处或按 Enter 键。
二、磁盘管理
1. 格式化软盘

格式化操作将清除磁盘上原有的数据,所以要慎重。格式化软盘的步骤如下:

(1) 将要格式化的软盘插入软驱。

(2) 在"资源管理器"窗口中,用鼠标右键单击软盘驱动器的图标,在快捷菜单中选择"格式化"命令,打开"格式化"对话框,如图 2—14 所示。

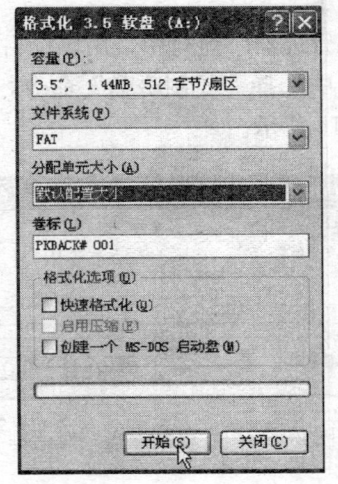

图 2—14 "格式化"对话框

(3) 在"容量"下拉列表中,选择一个相应的容量,如 1.44 MB。

(4) 在"文件系统"下拉列表中,选择一种文件系统类型。对于软盘只有 FAT 文件系统一个选项。

(5) 分配单元大小。由于软盘的分配单元大小是系统默认的,因此,用户无需选择分配单元大小。

(6) 在"卷标"文本框中,输入该软盘的卷标名,也可以缺省。

(7) 如果在"格式化选项"组中,选中"快速格式化"复选框,格式化时只擦除软盘的文件目录和分配表,这种格式化只能对曾经进行过格式化操作的软盘有效。

(8) 完成以上格式化选项设置以后,单击"开始"按钮,系统弹出警示框,单击"确定"按钮即开始对软盘格式化。

2. 复制软盘

软盘复制指将一张软盘中的信息全部复制到另一张软盘中。软盘复制的步骤如下:

(1) 在"资源管理器"窗口中,用鼠标右键单击软盘驱动器图标,在快捷菜单中选择"复制磁盘"命令,打开"复制磁盘"对话框,如图 2—15 所示。

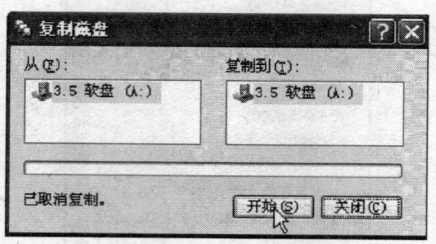

图 2—15 "复制磁盘"对话框

(2) 单击"开始"按钮,系统弹出插入源盘的提示框,按提示将源盘插入软驱,然后单击"确定"按钮,即开始将源盘的信息读入内存,读完后系统又弹出插入目标盘的提示框,按提示取出源盘,并将目标盘插入软驱,然后单击"确定"按钮,即开始将内存中的信息写入目标盘。

(3) 写完后单击"关闭"按钮,关闭"复制磁盘"对话框。

§2—5 系统设置

一、控制面板

在安装中文 Windows XP 时,已经设置了系统环境。在使用的过程中,用户还可以根据需要调整系统设置。系统设置在"控制面板"窗口中进行。在"控制面板"窗口中,可以对显示器、字体、打印机、输入法等软、硬件环境的参数进行设置。

打开"控制面板"窗口有以下两种方法:

1. 选择"开始"菜单中的"控制面板"命令。
2. 双击桌面上"我的电脑"图标,在"我的电脑"窗口中,单击左侧链接区的"控制面板"链接。

"控制面板"窗口打开时,默认以分类视图方式显示,如图 2—16 所示。

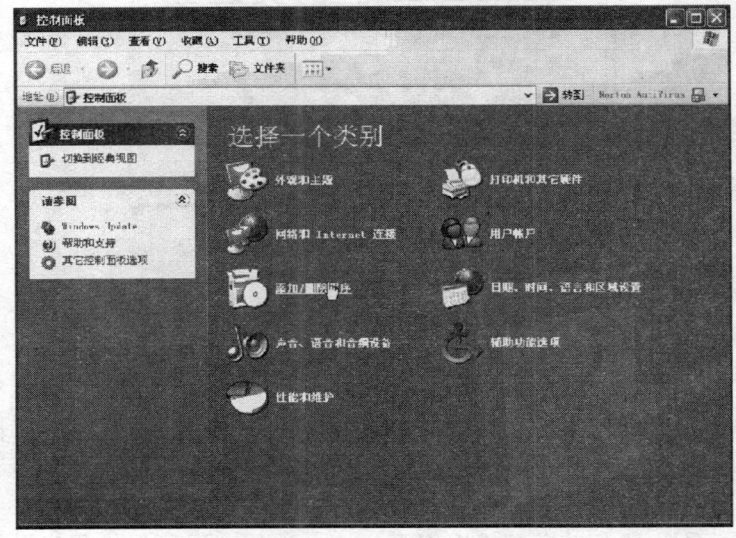

图 2—16 "控制面板"窗口分类视图

二、显示设置

显示器是计算机的标准输出设备,为了使显示器适合于用户的实际需求,有必要对显示器的各项参数进行设置。在"控制面板"窗口中,单击"外观和主题"链接,再单击"选择一个屏幕保护"链接,打开"显示 属性"对话框,选择"屏幕保护程序"选项卡,如图2—17所示。

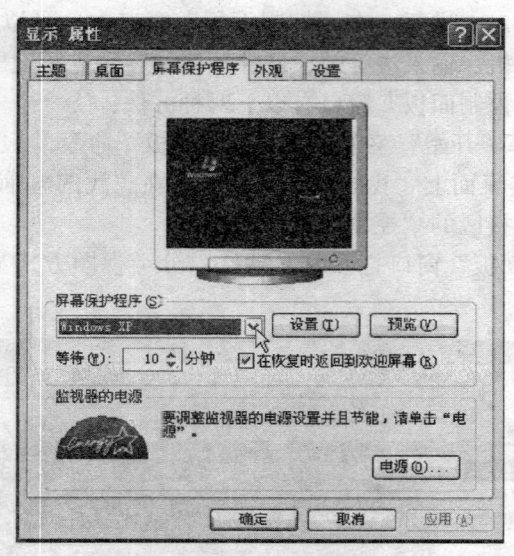

图2—17 "显示 属性"对话框"屏幕保护程序"选项卡

1. 设置屏幕保护

屏幕保护程序是为了防止因显示静止图像时间过长而损坏CRT显示器的显像管而设计的。Windows XP的屏幕保护程序将在屏幕上产生一个不断变动的图像。设置屏幕保护的操作步骤如下:

(1) 在"显示 属性"对话框中,选择"屏幕保护程序"选项卡。

(2) 在"屏幕保护程序"列表框中选择一个屏幕保护程序。例如,选择"Windows XP",即可在对话框上方的预览窗格中看到该屏幕保护程序的显示效果,如图2—17所示。

(3) 若要对所选择的屏幕保护程序的某些属性进行修改,可单击"设置"按钮,在弹出的对话框中对屏幕保护程序的属性进行修改,然后单击"确定"按钮,返回"显示 属性"对话框。

(4) 在"等待"文本框中,设定由系统自动启动屏幕保护程序的无操作时间。

(5) 单击"预览"按钮,则以全屏方式预览屏幕保护程序的显示效果。

(6) 设置完毕后,单击"确定"按钮。

2. 设置分辨率和颜色数

如果屏幕显示的颜色数太少,就无法正常观赏影片和图片。显示的颜色数越多,分辨率越高,图像就越接近真实效果。设置屏幕颜色数和分辨率的操作步骤如下:

(1) 在"显示 属性"对话框中,单击"设置"选项卡,在该选项卡中可以设置颜色和分辨率,如图2—18所示。

(2) 在"颜色质量"下拉列表中选择颜色位数,如选择"最高(32位)"。

(3) 拖动"屏幕分辨率"框中的滑块可以调整显示器的分辨率,例如,将屏幕分辨率设置为1 024×768像素。

(4) 设置完毕后,单击"确定"按钮。

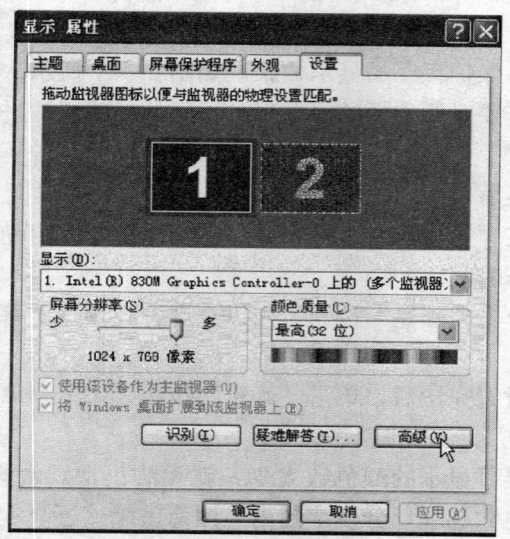

图 2—18 "显示 属性"对话框"设置"选项卡

习题

1. 文件和文件夹操作。

(1) 在 D 盘中建立一级子文件夹 USER1,并在 USER1 文件夹下建立二级子文件夹 USER2。

(2) 用 Windows XP 中的"记事本"程序编辑文档 DATA.TXT,并将其存入 D 盘的 USER2 子文件夹。

(3) 将 D 盘 USER2 子文件夹中的 DATA.TXT 文件复制到 USER1 子文件夹。

(4) 删除 D 盘 USER2 子文件夹中的 DATA.TXT 文件。

(5) 将"回收站"中的 DATA.TXT 文件恢复到 D 盘 USER2 子文件夹中。

(6) 将 D 盘 USER2 子文件夹中的 DATA.TXT 文件改名为 DATA.BAK。

(7) 将 D 盘 USER2 子文件夹移动到 A 盘的根目录（计算机需插入可用磁盘）。

(8) 删除 D 盘 USER2 子文件夹。

2. 启动 Word 应用程序，将窗口最小化，然后还原窗口，最后关闭窗口。

3. 将系统显示分辨率设置为 1 024×768，颜色设置为 32 位真彩色。

4. 对一张软盘进行格式化，将另一张软盘中的信息复制到这张格式化后的软盘中。

5. 关机，5 分钟后再开机启动 Windows XP。

第三章 键盘与文字录入

学习要点

1. 通过学习熟悉键盘键位及其功能;
2. 了解录入操作的姿势与基本原则;
3. 掌握常用输入法并能熟练使用;
4. 掌握五笔字型输入法。

§3—1 键盘键位及其功能

键盘是计算机的标准输入设备,文字通常是通过键盘录入的。标准键盘的键位分布如图3—1所示。

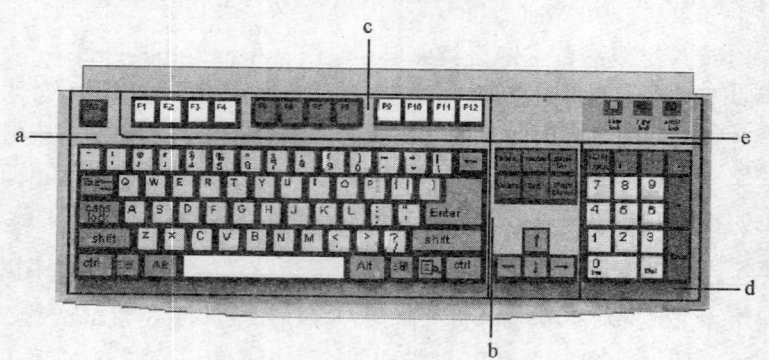

图3—1 标准键盘的键位分布
a—主键盘区 b—编辑键区 c—功能键区 d—小键盘区 e—指示灯区

键盘可以分为5个区：主键盘区、编辑键区、功能键区、小键盘区和指示灯区。

一、主键盘区键位

主键盘区上按键的分布与英文打字机基本相同，该区除了包含英文字母键、数字键、标点符号、常用运算符、空格键之外，还有一些特殊键。

在开机之后的默认状态下，按英文字母键，则输入小写的字母；按双符键，则输入下挡字符。

主键盘区上特殊键及功能如下：

1. Shift 键——换挡键

该键在键面上用一个向上空心箭头标示。它主要用于字母大、小写的临时切换和双符键的上、下挡的临时切换，它没有锁定作用。Shift 键有左右两个，它们的作用等效。

按住 Shift 键不放，再按字母键，则改变原来的大小写状态输入字母。即：若原为小写状态，则此操作输入大写字母；若原为大写状态，则此操作则输入小写字母。

按住 Shift 键不放，再按双符键，就输入该键的上挡字符。若松开 Shift 键，直接按双符键，则输入下挡字符。

2. Caps Lock 键——大小写锁定键

该键是字母大小写锁定切换的转换开关。开机之后的默认状态是输入小写字母。按一下 Caps Lock 键后，键盘右上角 Caps Lock 指示灯亮，此后输入字母皆为大写。此状态一直保持到再次按 Caps Lock 键换挡为止。请注意：Caps Lock 键仅对字母键起作用，数字键和其他符号键都不受影响。

若在大写锁定下按住 Shift 键输入的字母为小写。

3. Enter 键——回车键

当一条命令由键盘输入时，它被放在一个特定的键盘缓冲区内，尚未送入 CPU 让命令处理程序执行，此时还有机会纠正命令中的错误。若按 Enter 键后，则把命令送入 CPU 执行，该命令执行后，光标就移到下一行开始处。因此，Enter键又叫做回车换行键。

4. Backspace——退格键

在输入命令时难免会出错，在按回车键之前，按一下退格键，光标退回一格并删掉该处原字符，然后可以再输入新的字符。

5. Esc键——取消键

无论是在DOS还是Windows状态下，该键的作用为放弃正在进行的操作。

在DOS状态下，若输入的命令有误，在按Enter键执行之前，按Esc键，则放弃该命令行，并在原命令行末显示一反斜杠"\"，按Enter键，即返回DOS待命状态。

6. Tab键——制表位键

按此键，则光标移到下个制表位。若光标位于表格中，按此键则光标移至下一个表格单元。

7. Ctrl键——控制键

Ctrl键和其他键联用，形成组合键，可产生各种特殊的功能。例如，Ctrl+P键用于文档打印。

在DOS状态下，Ctrl+Break键或Ctrl+C键用于中断程序运行。Ctrl+Numlock键或Ctrl+S键用于暂停程序运行，按任意键程序又继续运行。

8. Alt键——转换键

该键常与其他键组合使用，产生转换等功能。

在DOS状态下，Alt+功能键常用于选择输入法。在Windows状态下，Alt+字母键常用于选择菜单。

二、编辑键区键位

1. Insert键——插入键

该键是"插入或改写"状态的切换开关。开机之后，一般默认初始态为"插入"状态。按一下该键，则转为"改写"状态；

再按一下该键，又返回"插入"状态。

2. Delete 键——删除键

在 DOS 状态用于删除光标处一个字符，在 Windows 状态用于删除插入点后一个字符。

3. ←，→，↑，↓ 键——方向键

一般用于移动光标。

4. Home 键

使光标移到当前行的行首。

5. End 键

使光标移到当前行的行尾。

6. PageUp 键

光标上移一屏。

7. PageDown 键

光标下移一屏。

8. Pause 键——暂停键

用于暂停程序运行。

三、功能键区

功能键区共有 12 个键，用 F1～F12 标示。设置功能键的目的是为了简化键盘操作。按下某功能键，相当于键入一条命令。根据计算机所运行的软件系统不同，每个功能键上所定义的功能也有所不同。

四、小键盘区

该区的键位与普通计算器相似，该区各键具有双重功能：既可作为数字键，又可作为编辑键。两种状态的转换由数字键盘区左上角的 Numlock 键控制，它是重复触发键，其状态由 Numlock 指示灯指示。

当 Numlock 指示灯亮时，该区处于数字键状态，可输入数字和运算符号，其作用与主键盘区数字键的功能一样。可用右手单独完成大批量的数字输入，财会与银行人员使用得较多。

当 Numlock 指示灯灭时，该区处于编辑状态，小键盘成为编辑键盘，可进行光标移动和编辑操作。

五、指示灯区

指示灯区用来表明键盘所处的状态。

§3—2 键盘操作

一、录入操作姿势

计算机数据录入时，要求操作员在较长时间里坐着工作，如果姿势不正确，很快就会感到疲劳，从而影响数据录入的速度和质量。因此，操作员必须掌握正确的录入操作姿势。录入操作姿势如图 3—2 所示。

图 3—2 录入操作姿势

1. 正确的坐姿

操作员平坐在椅子上，上身挺直，微向前倾。椅子的高度应调整到使双脚能自然地踏放在地板上。双脚踏地时可以稍呈前后参差状。

2. **手臂、手腕和手指的运用**

两肩放平,大臂与小肘微靠近身躯;小臂与手腕略向上倾斜,不可拱起,也不可触到键盘。

手掌应与键盘的斜度保持平行,手指自然弯曲,轻轻地放在与各手指相应的基本键上,左、右拇指则应放在空格键上。

3. 眼睛平视屏幕

眼睛保证平视屏幕,不要看键盘。

二、指法

1. 手指的分工

实践证明,人用双手交替击键的速度最高,单手换指击键的速度次之,单手同指击键的速度最低。因此,要求操作员必须采用双手击键的方法。各键位手指分工如图3—3所示。

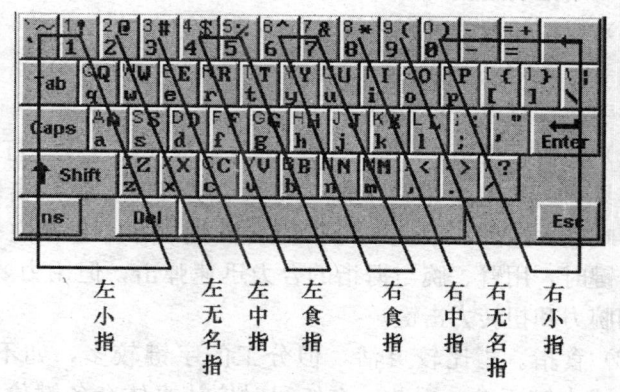

图3—3 各键位手指分工

从主键盘区往下数第三排的 ASDF 和 JKL; 这8个键称为基本键。它是除拇指外双手各指停放的基本位置,并作为敲击其他键的参照位置。F和J键上各有一个凸起的小标记,操作员通过食指感触凸起的标记,很容易将手指正确地放置于基本键位上。

键位分配:左无名指负责键盘左起第2列,右无名指负责第

9列,左中指负责第3列,右中指负责第8列,左食指负责4,5两列,右食指负责6,7两列,左小指负责第1列及左边的特殊键,右小指负责第10列及右边的特殊键,左、右大拇指交替使用空格键。各手指"各负其责",不允许"互相帮助"。

手指敲击基本键的上排或下排的键位后要及时地放回到基本键上,因为基本键离上下其他键位的平均距离最短。

2. 击键方法

击键时要做到以下几点:

(1) 打字时,先将手指拱起,按各指的分工轻轻地放在基本键上,只有敲击上下行按键时,才用手指伸直去击键,但击键后应立即回到基本键上;

(2) 用指端垂直击键,动作要轻快、果断;

(3) 要用相等的时间和均匀的力量击键。

3. 手指的特点

各手指具有以下特点:

(1) 拇指。指短,不灵活,击键时容易往里合拢。打空格键时,容易引起其他手指往上翘,使得姿势变形,造成击键不连贯,影响输入速度。因此,拇指应自然地外张,悬在空格键上方,击键时,用臂、腕与拇指的合力迅速弹击,但用力要适当,防止用腕力和扭转力击键。

(2) 食指。指比较灵活,但分工的字键较多,如不注意,容易造成击键不准。因此,在练习时应认真体会各键位之间的距离。

(3) 中指。指较长,击键时往往用力过重。因此,应注意与其他手指互相配合,均衡用力。

(4) 无名指。指不太灵活,力量小,应注意加强练习。

(5) 小指。小指短且不灵活,击键时容易使手背向外倾斜,而用指尖外侧击键。因此,在练习中应注意加强小指力量的锻炼,增强灵活性。

4. 注意事项

在指法练习中,应避免发生下述错误:

(1) 不是击键,而是按键,一直压到底,没有弹性。

(2) 击键时手指里勾或外翘。

(3) 左手击键时,右手离开基本键,搁在键盘边框上。

(4) 击键后手指未及时返回基本键或回到基本键时指位错乱。

(5) 打字时没有悬腕,而是把手腕搁在桌子上。

(6) 击键的力量过大。

5. 手指操

开始练习时,各手指的灵活性及力量不均,而且各手指间相互依赖较强,建议在非上机练习时,抽空做下述手指操,以帮助增强手指的力量及灵活性。

(1) 尽力将双手手指分开,然后从小指开始,将手指逐个分开,再从拇指开始,将手指逐个分开,最后将手指放松并轻轻握拳。

(2) 双手十指分开,在桌面上逐个手指轻叩。当用某个手指叩击桌面时,其他手指应保持原状。练习一阵后,十个手指再交替叩击。在练习中应注意增强无名指与小指的叩击力量。

三、录入操作的基本原则

在进行指法训练或数据录入时,应遵循下述基本原则:

1. 两眼专注原稿,不允许看键盘

这条原则是要求操作员采用"触觉打字法"。所谓"触觉",是指敲击字键要靠手指的感觉而不是靠眼睛看着键盘的"视觉"。这是因为人的眼睛在同一时间里既看稿件又看键盘、屏幕,往往顾此失彼,又容易疲劳。而运用"触觉"打字,可以做到"眼看稿件,手指击键,各负其责,通力合作",大大加快输入速度。

2. 精神高度集中,避免出现差错

速度和质量是数据录入的两个最重要的指标。数据录入过程中,如果精神不集中,一方面会降低输入速度,另一方面不可避免地会出现差错。

现在市面上有各种打字练习的软件,这些软件内容丰富、设计精巧,初学者可以利用这些软件进行打字练习,将会收到事半功倍的效果。

§3—3 汉字输入方法

微机上使用的汉字输入方法有十几种,最常用的有区位码输入法、拼音码输入法、五笔字型输入法等,大体上可以分为如下几类。

1. 分类序号汉字输入法,如国标码、区位码、电报码输入法等。这种方法不会发生重码,效率也很高,但是记忆量太大。

2. 拼音及笔画汉字输入法,如各类拼音码、五笔画、笔形码、智能 ABC、微软拼音输入法等。这种方法易掌握,入门快,但是编码较长,重码较多,效率低。

3. 拼形码汉字输入法,如首尾码、钱码、五笔字型、表形码输入法等。这种方法重码较少,便于输入,但是不容易掌握,而且易忘。

4. 音形结合码及形音结合码汉字输入法,如声韵部形码等。这种方法由于发展得不完美,因而较难学,记忆量又很大,规律性也差。

5. 音形立体混合码汉字输入法,如自然码。这种方法以拼音为基础,易学,重码少而且智能化,所以能提高输入的效率。

汉字输入法的种类很多,用户只需熟练掌握其中一种即可。下面介绍最常用的键盘汉字输入方法。五笔字型输入法将在下一节中介绍。

一、激活汉字输入法

要输入汉字，必须先激活某种汉字输入法。在中文 DOS 环境中，按 Alt＋功能键选择汉字输入法。在中文 Windows 环境中，单击任务栏上的"输入法"按钮，在弹出的输入法列表中选择一种输入法。

1. 中/英文输入方式切换

在中文 Windows 环境中，用鼠标单击"输入法状态框"左端的"中/英文切换"按钮，当该按钮显示字母"A"时可输入英文；再次单击该按钮，又切换到中文输入方式。

2. 半角/全角方式的切换

在中文 Windows 环境中，用 Shift＋Space 键进行全角/半角方式的切换。

二、全拼输入法

全拼输入法是以汉语拼音为基础，将单字、双字、多字及词组融为一体的输入法。Windows XP 提供的全拼输入法采用除字母"V"之外的 25 个英文字母作为外码，每个英文字母与基本拼音字母对应，另外，用英文字母"V"代替汉语拼音"ü"。

选择全拼输入法后，用户依次键入字词的汉语拼音（外码），相应的单字或词组即出现于候选框中，然后键入所需字或词的序号即可。对于候选框中序号为 1 的单字或词组，也可以按空格键取字。如果在候选框中见不到所需的字或词，则可使用翻页按钮前后翻页查找。

全拼输入法支持查询键"?"号，它可替代有效编码的所有汉字，如图 3—4 所示。

三、双拼输入法

Windows XP 内置的双拼输入法简化了全拼输入法，只用两码输入一个汉字，第一码为声母，第二码为韵母。双拼输入法共使用 27 个外码，即"a～z"及"；"。在双拼输入法中，声母、

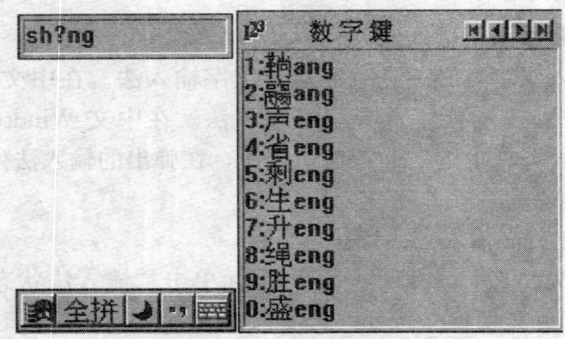

图 3—4　使用查询键进行全拼输入

韵母与键位的对应关系如图 3—5 所示。

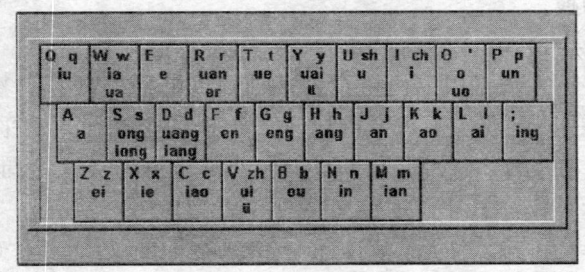

图 3—5　双拼输入法键位图

　　选择双拼输入法后,输入汉字的双拼码,相应的单字或词即显示于候选框中,然后键入所需的字或词的序号即可。例如,要输入"长"字,可键入"i h",然后在候选框中选择 1 即可,如图 3—6 所示。

四、微软拼音 3.0 输入法

　　微软拼音输入法的最大特点是:用户不需要经过专门学习和培训,就可以方便使用并熟练掌握。这种汉字输入技术采用整句转换方式,大大提高了输入效率。

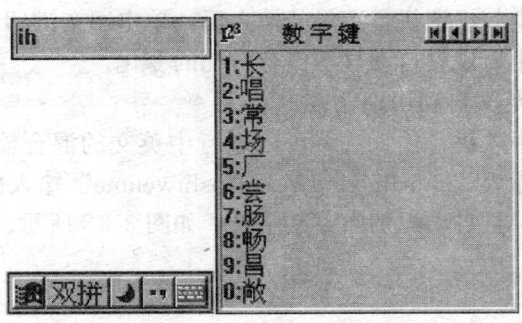

图3—6 使用双拼输入法

1. 整句智能搭配输入

微软拼音输入法的优势在于系统可以自动配句,免去逐字逐词进行同音选择的麻烦。还可以自动调整句中的量词,具有较高的智能组句功能。

例如,通过输入法选择按钮或切换键,选择"微软拼音输入法3.0版"后,输入整句的拼音字母"woyouyizhixiaohuamao",输入过程中自动显示内容搭配,如图3—7所示。

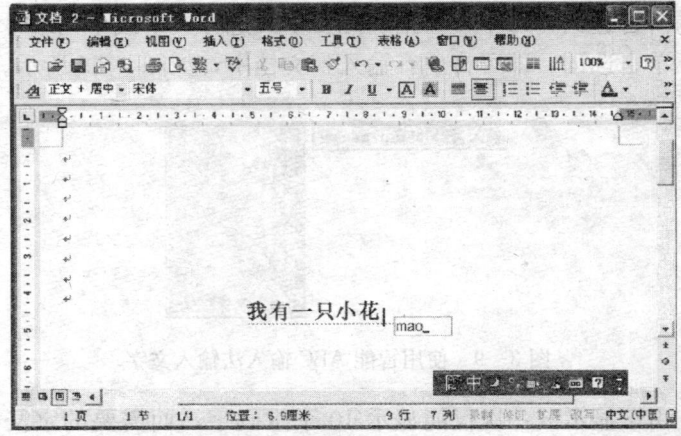

图3—7 用微软拼音输入法输入汉字

完成整句汉语拼音字母的输入后,单击回车键即可。在上述输入过程中,观察自动显示内容搭配的变化。

2. 中英文自动识别输入

利用微软拼音输入法,可以进行中英文的混合输入。例如,在文档中输入"shurufayingwenbiaoshiweiime"输入内容按整句直接显示,且自动识别出英文字母,如图3—8所示。

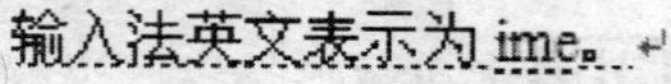

输入法英文表示为 ime。

图3—8 自动识别并显示句子中
的中、英文内容

五、智能 ABC 输入法

在语言栏中单击输入法切换按钮,在显示的输入法列表中选择"智能 ABC 输入法",将切换到智能 ABC 输入法,即可输入中文。

例如,要输入"输入法是输入中文的前提",可以输入拼音"shurufashishuruzhongwendeqianti"完成拼音输入后,按下空格键,显示输入汉字,并通过退格键及相应字词提示框,在屏幕提供的拼音选词窗口中,根据实际要求,选择文字或单词编号或用鼠标单击选词,即可将内容输入到文档中,如图3—9所示。

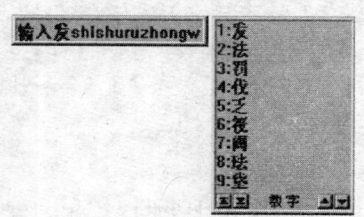

图3—9 使用智能 ABC 输入法输入文字

由于显示区一次仅能显示10个重码字,而需要的字又不在其中时,就只能在拼音选词窗口中翻页了。翻页的方法有两种,一种是用鼠标来操作,另一种是用键盘来操作。

用鼠标来翻页,只需用鼠标在拼音选词窗口中单击"下一页""上一页""回到首页""回到末页"按钮,就可以了。

找到需要的字或词所在的页,用鼠标单击该字或词即可输入,也可以键入该字或词前面的数字来选择它。

§3—4 五笔字型输入法

五笔字型输入法是一种根据汉字字型进行编码的输入方法,它具有以下特点:重码少,基本不用选字;字词兼容,字词之间无需换挡;字根优选,键盘布局合理。五笔字型输入法是一种优秀的汉字输入法,使用广泛。

一、汉字的基本结构

1. 汉字的基本结构

学习五笔字型,首先要对汉字构成有一个新的认识。

(1) 旧的认识。以前我们认为一个汉字是由偏旁或部首再加上其他笔画组成的。

例如,"明"字,"日"是偏旁,加"月"构成"明"字。

"胃"字,"田"是部首,加"月"构成"胃"字。

这里好像有个主次关系,偏旁或部首是主要的,其他部分是附属于偏旁或部首的。查字典时也必须先查偏旁或部首,再数其他部分的笔画,根据笔画数查找该字。

(2) 新的认识。五笔字型认为构成一个汉字的几个部分是同等重要的,每个部分即为字根,没有偏旁或部首的概念。

例如,"照"字,如果查字典,会先查部首"灬",然后数上面部分的笔画,查出这个字。而在五笔字型中,"照"字被认为是由同等重要的"日""刀""口""灬"4个字根组成的。

2. 字根

(1) 字根的概念。字根是汉字之本的意思。一个汉字就像是一个家庭，而字根就相当于一个家庭的成员。一个家庭一般由几个成员组成，每个成员都是组成家庭的基本单位，同时每个成员又都是一个独立的个体。在五笔字型中，字根被认为是组成汉字的最基本的单位，是一个独立的个体，不应再被拆分。

（2）字根的种类。在五笔字型中，从字根的角度来观察汉字，将千千万万的汉字归纳起来后可以发现，虽然汉字千变万化，但构成汉字的字根却可以划分为有限的种类，这就是五笔字型的字根图上所排列的 130 个基本字根，以及根据基本字根派生出来的一些小字根。实际上这种对汉字的认识同我们对自然界的认识是一致的。自然界中的物质千姿百态，但组成物质的元素却只有元素周期表上有限的 100 多种。

（3）要注意的问题。在这里需要注意的一个问题是：汉字的字根并不等同于我们平时所说的偏旁或部首。比如"新"字，它的偏旁是"亲"，但在五笔字型中，这个"亲"并不是字根，而应将它再拆成"立"和"木"，"立"和"木"才是字根。

也有相反的情况，比如"交"字，部首为"亠"，而在五笔字型中，"亠"和"八"合在一起形成"六"，"六"可以视为一个字根。

因此，不要将字根的概念与偏旁、部首混淆起来。字根是五笔字型的基本输入单位，不可再分。这里的不可再分，是指在进行汉字编码时，以字根为单位进行编码，不再将字根分成更小的几个部分进行编码。但是作为字根本身，它又是由笔画构成的。

3. 笔画

（1）笔画的概念。严格地说，笔画是指书写汉字时，从落笔到起笔之间一次写成的一个连续不断的线段。这就是常说的一笔一画的含义，一笔写成的才能叫一画。

我们可以形成这样一种认识：一个汉字是由一个或几个字根组成的，字根是对汉字进行编码的基本单位，而每一个字根又是由一个或几个笔画组成的,笔画不是汉字编码的基本单位。这样就形成了3个层次:笔画→字根→单字。

五笔字型是形码,它根据汉字的书写顺序,用若干个字根拼形编码。也就是说,把单字拆分为字根来编码,而不是把汉字肢解为单笔画。以字根为基本单位,这是五笔字型编码的基本思想。笔画起一个识别的作用,这种识别作用所需要的信息就是笔画的种类。

(2) 笔画的种类。汉字的笔画千变万化,种类繁多。为了化繁为简,便于编码和记忆,并结合键盘的使用,五笔字型输入法将汉字的笔画归纳为5类:横、竖、撇、捺、折。

在五笔字型对笔画的5大类划分中,所包含的笔画有一些并不是我们通常意义上所理解的横、竖、撇、捺、折,而是为了编码方便,将一些类似的笔画放在了一起。因此在这里,横、竖、撇、捺、折就有了一个新的定义,见表3—1。

表3—1　　　　　　　汉字5种笔画

代号	笔画名称	笔画走向	笔画及其变型
1	横	左→右	一 ／
2	竖	上→下	｜ 亅
3	撇	右上→左下	丿
4	捺	左上→右下	丶 、
5	折	带转折	乙 乚 フ 乚 → ろ ケ

按照这个定义作为划分笔画种类的标准,所有的汉字笔画在五笔字型中就被划分为5大类。

(3) 笔画的编号。所有的汉字笔画都可以归结到上述5类中。按照5种笔画在汉字中出现频率的高低,依次将这5类笔画编号:代号"1"就代表"横",而"折"就用代号"5"来表示。

这样，所有的汉字笔画就可以划分为5大类，分别用1，2，3，4，5来表示。

将汉字的笔画进行分类和编号，目的是对汉字起到一种识别的作用，这种识别作用所提供的信息是五笔字型编码中的一个重要内容。但是仅有笔画的识别作用是不够的，还需要对汉字的另外一些构成特征加以分析，才能为五笔字型的汉字编码提供一个完整的信息，这就是下面要讨论到的汉字的字型。

4. 汉字的字型

（1）字型的概念。汉字的字型是指组成汉字的各个字根之间的位置关系，也就是我们通常所说的汉字的间架结构。

（2）字型的种类。从汉字的整体上来观察一下汉字的间架结构，会发现组成每一个汉字的字根之间的位置关系可以归纳为左右型、上下型和杂合型3类。其中，杂合型的汉字也叫独体字。

（3）笔画间的关系。字根间的位置关系构成汉字的字型，而字根的笔画之间也有一定的关系，这些关系可以归纳为以下3类。

1）散。一个字根的笔画与另一个字根的笔画之间没有任何交叉或相连，这种位置关系叫做散。

2）连。一个字根的笔画与另一个字根的笔画在一点上连在一起，这种位置关系叫做连。

3）交。一个字根的笔画与另一个字根的笔画交叉在一起，这种位置关系叫做交。

一般左右型、上下型的汉字，其字根间的笔画都是散的关系，而杂合型的汉字字根间的关系则比较复杂，可能是散的关系，也可能是连或交的关系。但一般字根的笔画间如果存在着连或交的关系，则这个汉字是杂合型的。

（4）字型的编号。如同对笔画的描述一样，汉字的字型种类也按照出现频率的高低来编号，见表3—2。

表 3—2　　　　　　　　汉字字型代号

字型代号	字型	字　例
1	左右	汉 湘 结 到
2	上下	字 室 花 型
3	杂合	困 凶 这 司 乘 本 重 天 且

左右型和上下型的汉字在我们平时的文章中是最常见的，因此编号在前。杂合型是一种比较复杂的字型，之所以称之为杂合型，是因为这种汉字的笔画有连和交的现象。例如，"果"字是由"日"和"木"两个字根组成的，这两个字根的笔画是有交叉的，所以"果"字是杂合型的字。这样，所有汉字的字型就可以用1，2，3三个代号来表示。

(5) 字型的识别。汉字是一种平面文字，同样的几个字根，摆放位置不同，就会形成不同的汉字。如"口"与"八"两个字根，如果左右摆放，是"叭"；如果上下摆放，是"只"。如果不从字型上加以区分，那么计算机将会认为这是两个完全相同的字。由此看出，字型是汉字输入时的重要特征信息，它和笔画一样，对汉字起到一种识别的作用。

在汉字的3种字型中，左右型和上下型比较好掌握，难点在于杂合型，尤其是杂合型与上下型的区分。要解决好这个问题，关键要记住以下几点。

1) 凡单笔画与字根相连者或带点结构都视为杂合型。

①单笔画与字根相连的字，如"自""产""入""主""且""千""不""下""尺"等都是单笔画与字根相连，它们是杂合型。这样在末笔识别中，它们的字型代号都是3。而"矢""卡""严"等是上下型，因为它们不是单笔画与字根相连的。另外，单笔画与字根间有明显间距的不认为是相连，如"个""少""鱼""孔""旧""幻""旦"等。

②带点结构在五笔字型里也规定是相连的，如"勺""术"

"太""主""义""头""斗"等,它们的字型代号都是3。

2)内外型字(全包或半包)属杂合型,如"困""同""国"等字都是杂合型,但"见"字为上下型。

3)含两个字根且相交者为杂合型,如"东""串""电""本""无""农""里"等。

4)单纯的带"辶"的字为杂合型,如"进""逞""远""过"等。

5)以下各字为杂合型:"司""床""厅""龙""尼""式""后""反""处""办""皮""死""疗""压"等。而相似的下列字则是上下型:"右""左""有""看""布""包""友""冬""灰"等。

有了上面的一些基本概念和知识,就可以开始拆分汉字和对汉字进行编码了。汉字拆分和编码是五笔字型的两个最基本的内容,只有掌握了这两部分内容,才能最终学会用五笔字型输入汉字。

在学习这两部分内容之前,还需要对五笔字型下的字根键盘有充分的了解,因为最终是要通过键盘来输入汉字的。

二、五笔字型的字根键盘

1. 字根键盘的概念

我们平时所用的微机键盘是标准键盘,26个英文字母键在西文状态下可以输入各种语法命令。但是在五笔字型输入法中,每一个字母代表的不再是字母本身,而是代表了某一个字根,顺次输入几个字母,实际上是顺次输入了几个字根,五笔字型会将由这几个字根组成的汉字显示在屏幕上。这就出现了一个问题,英文字母只有26个,但五笔字型的基本字根就有130个。显然26个字母与130个字根不可能是一一对应的。一个字根必须由一个字母代表,但一个字母却可以代表几个字根。五笔字型规定,在26个英文字母中,除"z"外,其他25个字母代表130种字根,但不是平均分布,而是有的字母代表的字根多,有的字母代表的字根少。将字母和字根联系起来,那么字母在键盘上的键位也就是字根所在的键位。这些字根并不是随意在 25 个字母键上分布的，而是有着比较严格的规律。

字根键盘图如图 3—10 所示。

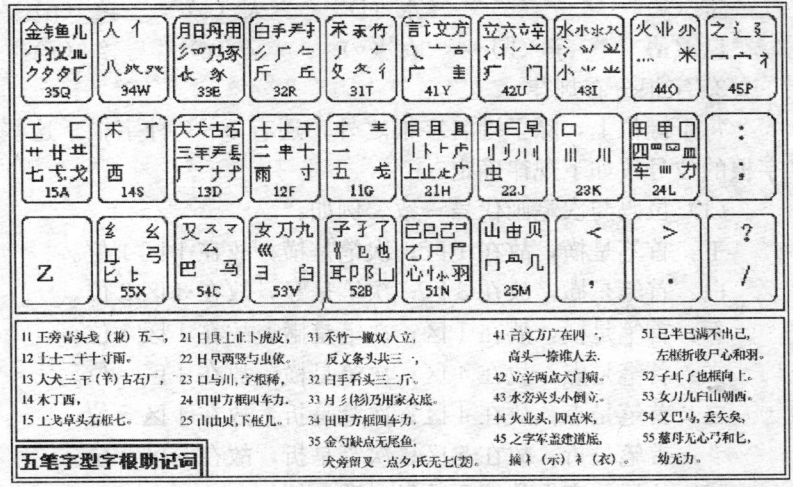

图 3—10 五笔字型字根键盘图及助记词

我们该如何记住这 130 多个字根及其在键盘上的分布呢？了解键盘的分区划位，以及字根在键盘上的分布规律是很有必要的。

2. 键盘的分区划位

基本字根按首笔笔画分为 5 个区。

第 1 区，横起笔区，5 个键分别为：g, f, d, s, a。

第 2 区，竖起笔区，5 个键分别为：h, j, k, l, m。

第 3 区，撇起笔区，5 个键分别为：t, r, e, w, q。

第 4 区，捺起笔区，5 个键分别为：y, u, i, o, p。

第 5 区，折起笔区，5 个键分别为：n, b, v, c, x。

每个区又分为 5 个位。根据使用频率，位号从键盘中部向两边放射排列，共 25 键位。每个键位都被赋予一个中文键名。这 25 个键名分别是：

王（g）	土（f）	大（d）	木（s）	工（a）
目（h）	日（j）	口（k）	田（l）	山（m）
禾（t）	白（r）	月（e）	人（w）	金（q）
言（y）	立（u）	水（i）	火（o）	之（p）
已（n）	子（b）	女（v）	又（c）	纟（x）

3. 字根分布规律

每个键位上，除了键名字根之外，还有 2～6 种字根。这些字根的位号按如下规律确定：

（1）位码与次笔画代号一致。例如：

王：首笔是横，故在 1 区；次笔是横，故在 1 区 1 位。

白：首笔是撇，故在 3 区；次笔是竖，故在 3 区 2 位。

石：首笔是横，故在 1 区；次笔是撇，故在 1 区 3 位。

文：首笔是点，故在 4 区；次笔是横，故在 4 区 1 位。

之：首笔是点，故在 4 区；次笔是折，故在 4 区 5 位。

纟：首笔是折，故在 5 区；次笔是折，故在 5 区 5 位。

（2）位码与字根的笔画数目一致。例如：

三：首笔是横，故在 1 区；共有三个笔画，故位码为 3。

女：首笔是折，故在 5 区；共有三个笔画，故位码为 3。

基本字根除了按以上的规律分配于键盘上之外，还有一部分字根按如下规律安放于键盘上：

（3）字根的形态与键名相近。例如：字根"主"及"五"形态上与键名"王"相近，故这两个字根就放在"王"键上。

字根"曰""㘣""虫""早"形态上与键名"日"相近，故这几个字根就放在"日"键上。

（4）与主要字根形态相近或渊源一致的字根放在同一键上。例如：把"氵""氺""⺀"都放在"水"键上；把"辶""廴"放在"之"键上；把"扌""龵""手"放在同一个键上；把"阝""卩""耳"放在同一个键上。

130 个基本字根绝大多数都有规律地分配在键盘上，但也有个别例外,其笔画特征与所在区、位号不符合,且缺乏字根间的相似性。

例如:"车"与"力"放在"24 l"键上,"心"放在"51 n"键上。

4. 字根助记词

为了便于字根的记忆,五笔字型中有一套比较形象和读起来押韵的助记词,大家可以像背诗那样将它背下来。但在背之前,先要理解在助记词中所隐含的字根,这样才能关联记忆。比如,3区1位的助记词"禾竹一撇双人立,反文条头共三一"一句,第一个字"禾"就是3区1位键的键名字;后面"竹"字指的是字根"竹";"一撇"指的是所有符合"撇"的定义的单笔画字根;"双人立"指的是字根"彳";"反文"指字根"攵";"条头"指"夂"。这些字根共同位于3区1位的键上。

由此可以看出,每个键位的助记词的第一个字都是这个键的键名字。每个键上都有一些小的字根,由于它们和大字根十分相像,因此就依附在大字根旁边,在助记词中也就没有一一列举出来。而除键名字以外的大字根,利用拆字或谐音的方法在助记词中都列举出来了。大家在背助记词之前要先读懂助记词,在理解的基础上加以记忆。

三、汉字的拆分

1. 键内字和键外字

如果大家注意观察一下字根总表,就可以发现在这张表上的130个字根中,实际上有一些字根本身就是一个汉字。所以可以这样说,一张字根总表将汉字分为两大类:一类是字根总表中有的汉字,一类是字根总表中没有的汉字。前一类汉字可以在五笔字型的字根键盘中找到,因此被称为"键内字";后一类汉字就称为"键外字"。键内字本身就是一个字根,按照汉字拆分到字根一级就不再拆分的原则,这样的汉字就不必要再拆分了。前面讲过,字根是由笔画组成的,所以本身是一个字根的汉字,它的输入就要依靠笔画的拆分，只要掌握了笔画的定义，将一个笔画与另一个笔画区分开是一件很容易的事。

这一节主要是学习字根表内没有的键外字的拆分，这些键外字的共同特点是它们都是由两个或两个以上的字根组成的。

2. 拆分原则

对键外字进行拆分时，应遵守如下原则。

（1）遵从字的书写顺序。将键外字拆分成若干个字根时，一定要按照正确的书写顺序进行。

（2）优先取大。按书写顺序拆分汉字时，应以"再添一个笔画便不能称其为字根"为限，每次都拆取一个尽可能大的字根，即尽可能笔画多的字根。这个原则是一个在汉字拆分中最常用到的基本原则。当然，这个尽可能大的字根一定也是在字根总表中有的字根，不能跳出五笔字型字根总表内的字根范围。比如"章"字，有如下两种拆分：

章　立　日　十
章　立　早

这两种拆分方法中，第二种拆分是正确的。因为"日"和"十"可以合成一个更大的字根"早"。当拆出的两个字根可以合成一个字根键盘上有的更大的字根时，就应当将它作为一个字根来处理。这就是优先取大原则。

（3）兼顾直观。在拆分汉字时，为了照顾汉字字根的完整性，有时不得不暂且牺牲一下"书写顺序"和"优先取大"的原则，形成个别例外的情况。比如"国"字，有如下两种拆分：

国　门　玉　一
国　囗　玉

如果遵照"书写顺序"的原则，第一种拆分方法是正确的。但是这样的拆分方法破坏了汉字的直观结构和汉字构成的本来意义，"国"本身就是"围起来的城"的含义，因此不应将"囗"拆开。所以为照顾直观，应按照第二种方法拆分。像这样的全包围结构的汉字,都不应将全包围部分拆开处理。

(4) 能连不交。当一个字既可拆成相连的几个字根,也可拆成相交的几个字根时,五笔字型认为相连的拆法是正确的。因为一般来说,"连"比"交"更为直观。

例如:	错误	正确
于	二 丨	一 十
天	二 人	一 大
丑	刀 二	乛 土

第二种拆分之所以正确,是因为拆分出的字根之间的位置关系是相连的,笔画没有交叉。而第一种拆分出的字根的笔画间都有交叉。按照"能连不交"的原则,第二种拆分正确。

(5) 能散不连。有些汉字,组成它们的几个字根间的关系有时候不好判断,有些是模棱两可的,当遇到这种情况时,五笔字型输入法规定:能将字型判断为散的就不作相连来处理。

如"占"字,拆分出"卜"和"口"两个字根,如果认为这两个字根之间是相连的关系,就会将它看做杂合体的汉字;而如果认为这两个字根是散的关系,则会将它看做上下型的汉字,这在后面编识别码时会有所不同。依照"能散不连"的原则,认为将"占"看做上下型是正确的。

以上就是键外字拆分时所需要遵循的 5 条原则。而实际上,最常用的原则是前 2 条,用得上后 3 条的字只是少数。

3. 拆分注意事项

拆分汉字时,只有拆分得正确,才能保证编码工作的正确。在拆分汉字时,要注意两点。

(1) 拆分出的字根必须是五笔字型字根总表中有的字根。比如,"院",必须拆成"阝""宀""二""儿"4 个字根,而不能拆成"阝""宀""元"3 个字根,因为"元"在五笔字型中不是一个字根。

(2) 拆分汉字时必须按照正确的原则进行,不能随意拆分。

比如,"果"拆分成"日"和"木"是对的,而拆分成"田"和"木"则是错的。

学习五笔字型,最主要的是要学习单个汉字的输入,只有掌握了单个汉字的输入方法,才能学好以后的词组输入。下面就来介绍五笔字型中单个汉字的输入方法。这里所讲的汉字输入方法,也就是汉字的编码方法。

在这里需要特别强调的一点是:五笔字型汉字编码方法要求对每个汉字的编码最多只有4码,可以少于4码,但不能超过4码,超过4码的部分无效。

四、五笔字型的汉字编码

1. 键内字的编码

如前文所述,按照五笔字型的字根总表,可将千千万万的汉字分为字根总表中有的汉字(也叫键内字)和字根总表中没有的汉字(也叫键外字)。这两类汉字的编码方法是不相同的。

(1)键名字的编码。仔细观察五笔字型的字根键盘,在每个键的左上角都有一个比这个键上的别的字根字体黑且大的字根,这个字根也是助记词中的每个键打头的字根。除X键上的"纟"外,其余24个键上的这个位置上的字根都是汉字,这个汉字就是这个键上的键名字。

输入键名字的方法是将该键连击4下,即可得到这个键名字。所以键名字的编码就是该键名字所在的键位代码重复4次。

例如,"王"字是1区1位上的键名字,因此"王"字的编码就是:11 11 11 11,对应的字母是:G G G G。所以连敲4下G键,即可以得到"王"字。

再如,"木"字的编码:14 14 14 14,S S S S;"水"字的编码:43 43 43 43,I I I I。

注意,这里用大写字母表示对应的键位,在实际输入时,应输入小写字母。

(2)成字字根的编码。在一个字根键上不是键名字的那些既是字根又是汉字的键内字叫做成字字根。成字字根也是汉字，它的编码方法与键名字明显不同。

成字字根的编码如下。

第一码：成字字根所在的键位代码；

第二码：组成成字字根的笔画中第一个笔画所在的键位代码；

第三码：组成成字字根的笔画中第二个笔画所在的键位代码；

第四码：组成成字字根的笔画中最末一个笔画所在的键位代码。

也就是说，在输入成字字根时，首先要敲一下这个成字字根所在的键位。形象地说，这个步骤也可以叫做"报户口"，将成字字根所在的键位先报告一下。

成字字根仅是由一个字根组成的，因此不能再拆分出字根。字根是由笔画构成的，因此成字字根的输入需要对笔画进行拆分，按照书写顺序将成字字根拆分成一个个的单笔画，将笔画所在的键位代码顺次输入。而单笔画所在的键位是这样规定的：以单笔画的种类代号作为其所在的区号，而它所在的位号就是所在区的第1位。因此，所有归于横类的笔画都在1区1位上，所有归于竖类的笔画都在2区1位上，所有归于撇类的笔画都在3区1位上，所有归于捺类的笔画都在4区1位上，所有归于折类的笔画都在5区1位上。

例：西（1区4位上的成字字根）

第一步，"报户口"。"西"这个成字字根在1区4位上，所以编码的第一码为14，是S键。

第二步，将"西"拆分成一个一个的单笔画，按照五笔字型对笔画的分类，"西"是由"一""丨""㇆""丿""乚""一"6个笔画组成的。

第三步，"西"字的第二个码应该是组成它的第一个笔画所在的键位代码,也就是"一"的键位代码,在1区1位上,所以"西"字的第二个码是11,也就是G键。

第四步,第三个码是第二个笔画"丨"所在的键位代码,2区1位,所以"西"的第三个码是21,也就是H键。

第五步,"西"字的第四个码,是最后一个笔画的键位代码,而不是顺次排下的第三个笔画所在的键位代码。"西"字的最后一个编码就是最后一个笔画"横"所在的键位代码11,也就是G键。

至此,"西"字的编码完成了,即

  西 14 11 21 11
     S G H G

有许多成字字根的笔画是相当少的,有时只有两画,即使都用来编码也凑不够4码。比如下面几个字:

  组成笔画
  丁 一   丨
  八 丿   丶
  一 一

像这些成字字根,本身只由一个或两个笔画组成,即使加上第一码也只有2码或3码。由于五笔字型要求汉字的编码最多不能超过4码,但是却可以少于4码,因此像"丁""八""一"这样笔画少的成字字根只要是严格按照五笔字型的编码原则进行的编码,就可以被五笔字型所接受。但是当编码少于4码时,在编码完毕后要加打一个空格键,目的是通知系统编码工作已经完成。

注意:空格键并不算编码的一部分,它只是一个结束标志。

按照这个原则,对上面几个字就可以编码如下:

	第一码(报户口)	第二码	第三码	第四码	结束标志
丁	14 S	11 G	21 H	无	空格键
八	34 W	31 T	41 Y	无	空格键
一	11 G	11 G	无	无	空格键

虽然键内字只是少数，但由于它的编码方法比起键外字来有其特殊的地方，因此也是五笔编码的重要部分。

2. 键外字的编码

比起键内字较复杂的编码方法来说，键外字的编码方法相对容易一些。键外字是由两个或两个以上的字根键盘内有的字根组成的，在给键外字编码之前必须将它拆分成若干个字根。掌握了键外字的拆分，实际上也就掌握了键外字的编码方法。

(1) 多字根字的编码。多字根字是由4个或4个以上字根组成的汉字。这种汉字有如下编码规则。

第一码：第一个字根所在的键位代码；
第二码：第二个字根所在的键位代码；
第三码：第三个字根所在的键位代码；
第四码：最末一个字根所在的键位代码。

例：

	第一码	第二码	第三码	第四码
键	钅	ヨ	二	廴
	35 Q	53 V	12 F	45 P
照	日	刀	口	灬
	22 J	53 V	23 K	44 O

(2) 少于4个字根的汉字编码。这些汉字是由3个或2个字根组成的（1个字根的汉字属于键内字了）。因此，在介绍这种字的编码方法之前，必须先学习在这类字的编码中很重要的概念——识别码。

识别码，也就是末笔（画）字型识别码，它是由汉字的最后一个笔画的代号作为区码，该汉字的字型代号作为位码构成的一个附加码。

1) 末笔的识别方法。

①汉字中有许多字是全包围或半包围结构的，这些字的末笔往往是包围部分的最后一笔。带"辶"的字，不以"辶"的末笔

为末笔,而以去掉"辶"后的部分的末笔为末笔识别码。例如,按照汉字的书写顺序,"过"字最后一笔是"乀","国"字最后一笔是"口"下面的"一"。但是在五笔字型的编码方法中规定,凡是全包围或半包围结构的汉字,将被包围部分的末笔作为末笔。所以,"过"字的末笔为字根"寸"的最后一笔"丶","国"字的末笔为"丶"。

②末字根为力、刀、九、七等时,一律认为末笔画为折。

③"我""戈""成"等字的末笔取撇。

2)识别码编码方法。

例如"码"字是由"石"和"马"两个字根组成的,不足4码,因此,它的编码就要加一个识别码:"码"字的最后一个笔画是"一","一"的代号是1,"码"字是左右型结构的,左右型的代号是1,因此"码"的识别码就是11,也就是G键。

"码"字的完整编码应该是:

   第一码 第二码 第三码(识别码) 结束标志

码   13 D 54 C   11 G   空格键

识别码详细编码方法见表3—3。

表3—3   识别码详细编码方法

	识别码	字型(代号)		
		左右型1	上下型2	杂合型3
末笔画代号	横1	11 G	12 F	13 D
	竖2	21 H	22 J	23 K
	撇3	31 T	32 R	33 E
	捺4	41 Y	42 U	43 I
	折5	51 N	52 B	53 V

①两字根字的编码方法：第一个字根的代码＋第二个字根的代码＋识别码。

由于两字根字的编码即使加上识别码也不足4码，因此，在编辑结束后要加打空格键作为结束标志。

例如："字"

第一码　第二码　第三码（识别码）　结束标志
　45 P　　52 B　　12 F　　　　　空格键

②三字根字的编码方法：第一个字根的代码＋第二个字根的代码＋第三个字根的代码＋识别码。

例如："根"

第一码　第二码　第三码　第四码（识别码）
　14 S　　53 V　　33 E　　　41 Y

我们前面所讲的编码都是一个汉字的全码，也就是它全部的编码，这个全码是相对于后面的简码而言的。

3. 编码流程图和歌诀

总结前面所讲的汉字编码知识，就可以画出如图3—11所示

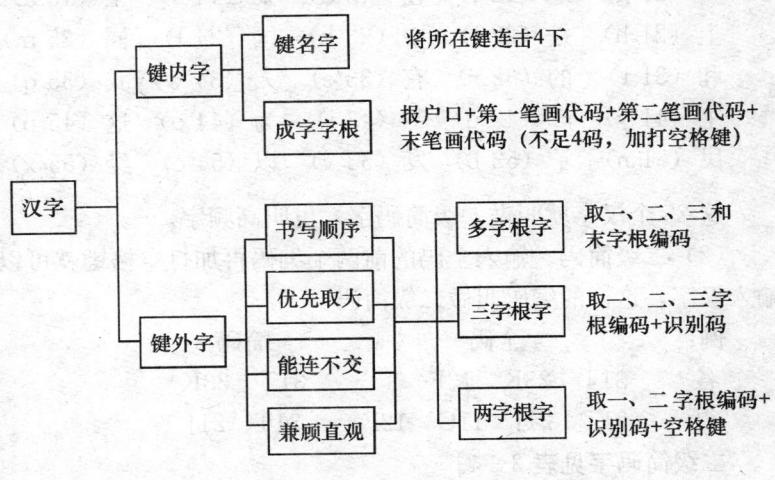

图 3—11　汉字编码流程图

的汉字编码流程图。

下面的五笔字型单字编码歌诀可以帮助我们记忆五笔字型的编码方法：

五笔字型均直观，依照笔顺把码编；
键名汉字打四下，基本字根请照搬；
一二三末取四码，顺序拆分大优先；
不足四码要注意，交叉识别补后边。

五、简码、重码和容错码

1. 简码

为了减少击键次数，提高输入速度，一些常用的字，除可以按其全码输入外，多数都可以只取其前边的1～3码，再加空格键输入它。这就形成了汉字的简码。汉字的简码分一级简码、二级简码和三级简码。

（1）一级简码。一级简码也叫高频字码，将各键打一下，再打一下空格键，即可打出25个最常用的汉字。

一（11 g）　地（12 f）　在（13 d）　要（14 s）　工（15 a）
上（21 h）　是（22 j）　中（23 k）　国（24 l）　同（25 m）
和（31 t）　的（32 r）　有（33 e）　人（34 w）　我（35 q）
主（41 y）　产（42 u）　不（43 i）　为（44 o）　这（45 p）
民（51 n）　了（52 b）　发（53 v）　以（54 c）　经（55 x）

这25个汉字就叫做一级简码字，也叫高频字。

（2）二级简码。输入全码的前两个编码再加打空格键就可以输入汉字，这样的编码叫做二级简码。

例：　　　　全码　　　　　　　简码
各　　　31T 23K 12F　　　　31T 23K
得　　　31T 21J 11G 12F　　31T 21J

二级简码字见表3—4。

表 3—4　　　　二级简码字表

	g f d s a	h j k l m	t r e w q	y u i o p	n b v c x
g	五于天末开	下理事画现	玫珠表珍列	玉平不来	与屯妻到互
f	二寺城霜载	直进吉协南	才垢圾夫无	坟增示赤过	志地雪支坶
d	三夯大厅左	丰百右历面	帮原胡春克	太磁砂灰达	成顾肆友龙
s	本村枯林械	相查可楞机	格析极检构	术样档杰棕	杨李要权楷
a	七革基苛式	牙划或功贡	攻匠菜共区	芳燕东蒌芝	世节切芭药
h	睛睦　盯虎	止旧占卤贞	睡睥肯具餐	眩瞳步眯瞎	卢　眼皮此
j	量时晨果虹	早昌蝇曙遇	昨蝗明蛤晚	景暗晃显晕	电最归紧昆
k	呈叶顺呆呀	中虽吕另员	呼听吸只史	嘛嘀吵噗喧	叫啊哪吧哟
l	车轩因困轼	四辊加男轴	力斩胃办罗	罚较　辚边	思囝轨轻累
m	同财央朵曲	由则迥崭册	几贩骨内风	凡赠峭赈迪	岂邮蚓凤嶷
t	生行知条长	处得各务向	笔物秀答称	入科秒秋管	秘季限么第
r	后持拓打找	年提扣押抽	手折扔失换	扩拉朱楼近	所报扫反批
e	且肝须采肛	胩胆肿肋肌	用遥朋脸胸	及胶膛脒爱	甩服妥肥脂
w	全会估休代	个介保佃仙	作伯仍从你	信们偿伙依	亿他分公化
q	钱针然钉氏	外旬名甸负	儿铁角欠多	久匀乐炙锭	包凶争色镪
y	主计庆订度	让刘训为高	放诉衣认义	方说就变这	记离良充率
u	闰半关亲并	站间部曾商	产瓣前闪交	六立冰普帝	决闻妆冯北
i	汪法尖洒江	小浊澡渐没	少泊肖兴光	注洋水淡学	沁池当汉涨
o	业灶类灯煤	粘烛炽烟灿	烽煌粗粉炮	米料炒炎迷	断籽娄烃糨
p	定守害宁宽	寂审宫军宙	客宾家空宛	社实宵灾之	官字安　它
n	怀导居　民	收慢避惭届	必怕　愉懈	心习悄屡忱	忆敢恨怪尼
b	卫际承阿陈	耻阳职阵出	降孤阴队隐	防联孙耿辽	也子限取陛
v	姨寻姑杂毁	叟旭如舅妯	九妹奶毑婚	妨嫌录灵巡	刀好妇妈姆
c	骊对参骠戏	骤台劝观	矣牟能难允	驻骈　　驼	马邓艰双
x	线结顷缥红	引旨强细纲	张绵级给约	纺弱纱继综	纪弛绿经比

（3）三级简码。输入全码的前三个编码再加打空格键就可以输入汉字，这样的汉字编码叫做三级简码。

例：　　　　　　　全码　　　　　　　　　　简码

简　31 T　42 U　22 J　12 F　　31 T　42 U　22 J

输　24 L　34 W　11 G　22 J　　24 L　34 W　11 G

有时，同一个汉字可有几种简码，例如"经"字，就同时有一、二、三级简码及全码4种输入码：

一级简码：55 X

二级简码：55 X　54 C

三级简码：55 X　54 C　15 A

全码：55 X　54 C　15 A　11 G

2. 重码

几个五笔字型编码完全相同的字叫做重码字，这样的编码叫做重码。

当输入有重码字的汉字编码时，重码的字会同时出现在屏幕下方的提示行中，如所需的字在第1个位置上，则可以继续输入下文，该字会自动出现在光标所在的位置上；如果所需的字不在第1个位置上，则需按与所需字前的数字代号相同的数字键来进行输入。在五笔字型中，重码是很少的，又加上重码在提示行中的位置是按其在汉语中出现频率由低到高排列的，常用字总是在前边，所以并不会影响实际输入速度。

3. 容错码

容错码有两个含义：一是容易弄错的码，二是允许弄错的码。

容错码主要有以下两种类型。

（1）拆分容错。个别汉字的书写顺序因人而异，因而允许编码错误。

如"长"字

正确码：　　丿　　　七　　　㇏　　　43（识别码）
　　　　　31 T　 15 A　 41 Y　　 43 I
容错码：　　七　　　丿　　　㇏　　　43（识别码）
　　　　　15 A　 31 T　 41 Y　　 43 I
　　　　　丿　　　一　　　丨
　　　　　31 T　 11 G　 21 H　　 41 Y
　　　　　一　　　丨　　　丿
　　　　　11 G　 21 H　 31 T　　 41 Y

（2）字型容错。个别汉字的字型分类不易确定，容易弄错，因而允许编码错误。

例如，"右"字

正确码：13 D　23 K　12 F（识别码，将"右"字视为上下型的汉字）

容错码：13 D　23 K　13 D（识别码，将"右"字视为杂合型的汉字）

在五笔字型中，输入容错码也可以得到所需的汉字。但并不是所有的汉字都有容错码，初学者还应力求掌握每一个汉字的正确编码方法。

4. 助学键"Z"

五笔字型的 130 个字根分布在 25 个英文字母键上，但"Z"键上没有被分配任何字根。因为"Z"键被用作助学键。它可以代替任何一个编码出现在需要的地方，解决五笔字型编码中的困难。

当对一个汉字进行编码时，如果四个码中的其中一个码不能确定，则可以用"Z"键来代替。这时汉字输入提示行中会出现一系列符合编码要求的汉字，可以从中挑选需要的字。所以"Z"键就像是 DOS 中的通配符号"?"，"?"可以代替任何一个字符，"Z"可以代表五笔字型编码中的任一个码。因此，含有"Z"的编码就代表了一批编码。要想选择需要的字，只要按一下该字前面的数字所对应的数字键。

另外，当判断不出识别码时，也可以用"Z"键来代替。

六、词语的输入

五笔字型也像其他汉字输入法一样提供了词语的输入方法，这种方法简便易行，容易掌握。因为词语的输入法与单字的输入法是统一的，所以并不需要输入法的切换，给实际操作带来了极大的方便。词语的编码方案也是以4码为标准，输入4码即可得到一个词语，并不比单字需要更多的码数，因此，利用词语进行输入可以大大提高汉字录入速度。

在汉语词汇中，组成词语的字数是不固定的，即有的词语是由2个字组成的，有的是由3个字组成的，而有的是由4个或4个以上的字组成的。如果从编码的细小差别来区分，可以将词语分类为二字词、三字词、四字词和多字词。但不管是哪一类词语，它们的编码有一个共同的特点：都是由4个编码组成的，而且必须是4码，不能多也不能少。

1. 二字词的编码

二字词的编码方法是从组成词语的2个汉字中按顺序各取每个字的前2个字根，由每个字根代码所组成的编码，一共4码作为二字词的编码。例如：

	取码	编码
管理	竹宀王日	TPGJ
知识	𠂉大讠口	TDYK
操作	扌口亻𠂉	RKWT

2. 三字词的编码

三字词的编码方法是从组成词语的3个汉字中的前2个汉字中按顺序各取每个字的第1个字根，然后再取第3个字的前2个字根，由每个字根代码所组成的编码，一共4码作为三字词的编码。

例如：

	取码	编码
计算机	讠竹木几	YTSM
解放军	勹方宀车	QYPL
共产党	廿六小宀	AUIP

3. 多字词的编码

多字词是由 4 个或 4 个以上的汉字组成的词。它的编码方法是从组成词语的前 3 个汉字中按顺序各取每个汉字的第 1 个字根，然后取最末一个字的第 1 个字根，由每个字根代码所组成的编码，一共 4 码作为多字词的编码。例如：

	取码	编码
五笔字型	五竹宀一	GTPG
操作系统	扌亻丿纟	RWTX
中华人民共和国	口亻人囗	KWWL

进行专业文章录入的用户有时会遇到专业文章中常常出现的一些生僻词语，在五笔字型的词库中没有这样的词语，只能按单字录入，积累下来就会影响录入速度。可以利用汉字系统中的自造词组的功能编制一些常用的五笔字型编码的词组来解决这个问题。

4. 掌握五笔字型输入法的技巧

五笔字型是汉字输入速度较快的一种方法，初学起来似乎觉得有些杂乱，但只要认真学习，抓住规律，掌握它并不是很困难的事。学习时应结合上机操作，并注意以下几点：

(1) 熟记字根口诀，理解其真正内涵。掌握 130 多个字根所对应的区位，抓住规律性的东西。

(2) 熟记一级简码汉字和二级简码汉字，在输入的时候能使用词汇的尽可能使用，以减少击键的次数。

(3) 要想拆字必须会写字，因此，学习五笔字型者必须掌握汉字的基本笔画、笔顺、书写顺序，间架结构错误的汉字是绝对不会打出来的。

（4）掌握拆字原则，多拆多练，最好的方法就是实践。字拆多了也就熟练了，速度也会提高。为此应做到：

1）首先把所有与五笔字型等同的汉字偏旁列成一个表反复看，反复记忆，避免出现拆字根的现象。如果把字根拆了，汉字就打不出来了。

2）其次就是把所有不是汉字偏旁的五笔字型输入法的字根一一列表，这一表的内容只有在排除上一表的内容的情况下才能使用。例如，不能把"士"拆成"十"和"一"，不要把字根拆散了。

3）迅速定位。凡横起笔的字迅速在1区内找，竖起笔的字在2区内找，撇起笔的字在3区内找，捺起笔、折起笔的字以此类推，区与位对应起来不要搞错。

（5）充分利用助学键"Z"，遇到难拆的字可多使用它，使用"Z"键有利于熟悉并快速地掌握五笔字型输入原则。

（6）键盘指法与五笔字型汉字输入方法紧密相关，只有指法正确、熟练，汉字才能输入得快，因此，应当重视键盘指法与练习。

（7）尽管减少击键次数能提高输入速度，但不能忽视空格键的使用。如果在输入过程中丢掉空格键，不但会影响速度，而且还会造成更大的误差。

 习题

1. 简述正确的录入操作姿势。
2. 简述录入操作的基本原则。
3. 找一篇英文文章，练习输入一段英文。
4. 使用全拼输入法，输入本书中的一段文字。
5. 按五笔字型输入汉字的编码规则输入以下单字。

人为门地个用工时动以分会作来分生对学级一义就年阶成部

民可出能方进行面说度多种自命而后革过谈加社小机经济力电线
钱本高得现理急电水深化着实家定幂所政量重二三四起好十干占
元农使性反等体合斗路图把结团第钯使前正新开物特论之当两从
些还天队应变育思想事如样向点其制资批形皆心都关与间内去因
件利日由尺气业代员数变全果组助导基文马条人领位器皿源立指
质习放运度流孔克但次认识涌较公军接情况并任持你仇洒必热烈
政象友报主调光什安静东南北光观百保守手处修志么被科技给供
服务联结集豪缘温暖

6. 将下列简码字按照它们的简码输入到计算机中。
一级简码字
一　地　在　要　工　上　是　中　国　同　和　的
有　人　我　主　产　不　为　这　民　了　发　以　经
二级简码字
明　参　时　间　部　分　代　此　因　事　作　肖
籽　学　胸　第　充　经　节　宽　离　杰　防　下
处　理　管　定　义　右　大　陡　呼　率　李　秒
站　曾　卫　寻　线　引　张　九　用　伯　你　信　驻
六　冰　普　米　降　车　七　牙　玉　　平　来
三级简码字
缟　辑　音　简　码　替　算　凫　合　体　易　将
库　着　看　其　带　便　准　者　仿　任　何　需
输　识　组　球　渡　容　混　布　绝　况　标　位
语　视　和　序　设　超　技　数　系　自　软　件

7. 用五笔字型输入法输入下面的词组，注意应按照词组的
编码方法编码输入。
　　计算　程序　技术　经济　安全　汉字　北京　电脑　物理
化学　数学　南京　上海　教授　科学　力量　记录　方向　操
作　处理　管理　系统　计算机　打印机　操作员　解放军　生
产率　共青团　工程师　西安市　电视机　四川省　莫斯科　年

轻人　实际上　天安门　现代化　运动员　自动化　组织部　中小学　现阶段　联合国　共和国　国务院　马克思　程序设计　科学技术　五笔字型　知识分子　精兵简政　数据处理　社会科学　少先队员　人民政府　振兴中华　莫名其妙　叶公好龙　中国共产党　全国人民代表大会　军事委员会　中国人民解放军　中华人民共和国　广西壮族自治区

8. 在报纸上找一篇1 000字左右的文章，用五笔字型输入法输入到计算机中。注意能用词组编码输入的地方不要拆成单个的汉字输入，单个的字尽量使用简码输入。

第四章 文字处理软件 Word 的应用

学习要点

1. 通过学习熟悉 Word 2002 的基本操作；
2. 掌握 Word 2002 编辑、排版操作与页面设计；
3. 掌握 Word 2002 表格操作与图形操作；
4. 了解 Word 2002 打印操作。

§4—1　Word 2002 简介

Word 是一款功能强大的中文文字处理软件，可以用于创建报告、信函、公文、学术论文等各种文档，也可以用来编辑书籍和报刊。这里以 Word 2002 版为例介绍其应用。

一、Word 2002 的启动和关闭

1. Word 2002 的启动

打开"开始"菜单，选择"所有程序"→"Microsoft Word"命令，就可启动 Word 2002，打开 Word 2002 的窗口，如图4—1所示。

单击"开始"菜单常用程序栏的"Microsoft Word"命令，或双击桌面上的"Microsoft Word"图标，也可以启动 Word 2002。

2. Word 2002 的关闭

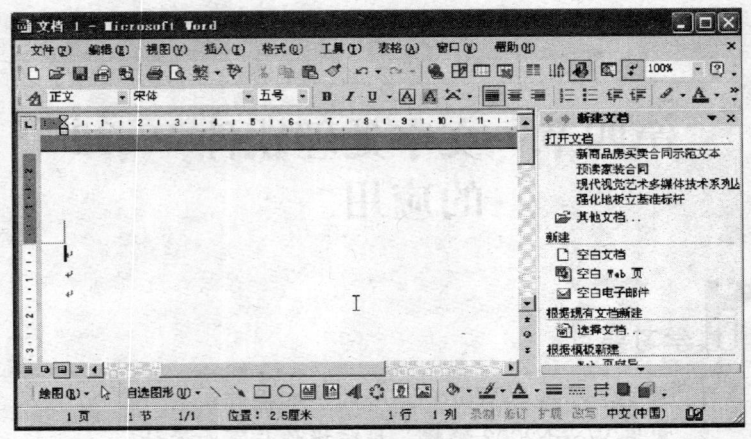

图 4—1 Word 2002 的窗口

单击 Word 2002 窗口右上角的关闭按钮"![X]","弹出"是否保存对文档的更改?"提示框,如图 4—2 所示。如果用户不想保存,单击"否"按钮,即可关闭 Word 窗口。

图 4—2 提示是否保存对文档的修改

单击"控制菜单"按钮"![W]",在弹出的控制菜单中选择"关闭"命令,或按 Alt+F4 键,也可以关闭 Word 窗口。

二、Word 2002 的窗口组成

由图可见,Word 2002 窗口由标题栏、菜单栏、工具栏、文档窗口、任务窗格和状态栏组成。

1. 标题栏

Word 2002 窗口最上面是标题栏,和一般 Windows 程序窗

口的标题栏一样,由"控制菜单"按钮"█"、文档标题和程序名,以及 3 个控制按钮(最小化按钮"█"、最大化按钮"█"/还原按钮"█"、关闭按钮"█")组成。

单击最大化按钮"█",可使窗口最大化,这时最大化按钮变成还原按钮"█";单击还原按钮,可使窗口还原到原来大小。单击最小化按钮"█",可使窗口最小化为任务栏上的一个任务按钮;单击该任务按钮,又可使窗口恢复到原来位置。单击关闭按钮"█",将关闭 Word 2002 窗口。

单击标题栏最左边的"控制菜单"按钮"█",打开控制菜单,选择相应命令,同样可以实现上述功能。

2. 菜单栏

标题栏下面是菜单栏。Word 2002 窗口的菜单栏有"文件""编辑""视图""插入""格式""工具""表格""窗口"和"帮助"9 个菜单项,包括了 Word 2002 的全部操作命令。菜单栏右边有一个"键入需要帮助的问题"框(以及"提出问题"下拉按钮)和一个"关闭窗口"按钮"█"。前者用于提出问题,获取帮助;后者用于关闭当前的文档窗口。

3. 工具栏

菜单栏下面是工具栏。Word 2002 窗口提供了 20 多个工具栏。由于窗口空间的限制,在默认情况下,Word 2002 窗口中只显示常用工具栏和格式工具栏。

4. 文档窗口

文档窗口是 Word 2002 用来编辑 Word 2002 文档的窗口。在文档窗口的四周有"水平标尺""垂直标尺"和"垂直滚动条""水平滚动条"。标尺用来显示和设置各种对象的位置;用鼠标左键拖动滚动条,点击或者按住滚动条两端的三角形按钮,可以调整文档在窗口中的显示位置。在水平滚动条的左边有"普通视图

≡""Web 版式视图 ""页面视图 ""大纲视图 "4 个按钮，分别用来切换文档的视图模式。在垂直滚动条的下边有"前一页""选择浏览对象""下一页"3 个按钮，用来显示文档的前一页、选择浏览对象和显示下一页。

5. 任务窗格

任务窗格显示 Word 2002 的常用任务，以方便用户的操作。任务窗格是 Office XP 新增加的功能。用户打开 Word 2002 时，文档窗口的右边会出现任务窗格。单击"任务窗格"标题栏的"关闭"按钮，可以关闭任务窗格。选择"文件"菜单的"新建"命令，或者选择"视图"菜单的"任务窗格"命令，可以打开"新建文档"任务窗格。

6. 状态栏

窗口最下部是状态栏，它显示当前文档的一些信息，如页码、光标位置、录制、修订、扩展、改写状态、语言种类以及拼写和语法检查的状态等。

§4—2 创建和打开文档

一、创建空白文档

启动 Word 2002 中文版之后，Word 2002 会自动创建一个空白文档，并在标题栏上显示"文档 1—Microsoft Word"。

用户单击"新建文档"任务窗格中"新建"选项区的"空白文档"超级链接，或者单击工具栏上的"新建空白文档"按钮""，也可以创建空白文档。

二、输入英文

进入 Word 2002 文档窗口后，用户可以看到编辑区中有一个不停闪烁的短竖线，这就是插入点。初始状态下，插入点光标位置会停留在第一行的第一列。这时，用户就可以开始输入文本了。默认状态为输入英文字母。在键盘上直接敲击字母键,即可输入英文小写字母。按住 Shift 键的同时,再敲击字母键,则输入英文大写字母。也可以按一下 Caps Lock 键,以切换大小写字母的输入。

如果在文本输入过程中发生输入错误,可以按退格键(Backspace)删除插入点左边的字符,或按删除键(Delete)删除插入点右边的字符。

1. 添加另一个自然段落

在行文过程中,每个自然段落的结束,都意味着下一段内容的开始。如果需要换一个段落继续输入,可按回车键(Enter),Word 自动在段落末尾添加一个段落标记,并将插入点移动到下一行的起始位置,等待输入另一行文本。在添加或删除文本、改变文本格式或调整页边界时,Word 会自动调整换行符。

在 Word 的页面中输入文字时,系统按默认的版心进行自动换行处理。一个自然段落内容没有输入完成时,不必手工换行操作。切勿人为添加换行符,否则将给后期编辑工作带来不必要的麻烦。

每按一次回车键,就会在文档中结束一个段落,另行开始一个新的段落,并在段落的结尾处生成一个特殊标志"↵",称为段落标记。段落标记不是一种可打印的字符,它是一种设置格式——段落格式的字符,是一种格式标记。段落不应当单纯理解为只是使文字另起一行排放,它是 Word 文档中的一种排版单位。所以,每按一次回车键,实际上是生成了一个新的排版单位。

2. 设置即点即输

在 Word 2000 以前的版本中,通常需要从编辑区第一行第一栏开始输入文字,要在其他地方输入文字就必须移动插入点。Word 2002 与 Word 2000 一样,支持即点即输功能,使输入不再受限制,用户在屏幕任意处双击鼠标左键,即可将插入点定位到此处,以输入文本。

例如,打开新的空白文档后,直接在第 9 行中双击鼠标,Word 自动插入回车标记,并将插入点自动移动到第 9 行中,在此处可以直接输入内容。

要使用即点即输功能,可以选择"工具"下拉式菜单中的"选项"命令,然后单击"编辑"选项卡,如图 4—3 所示。在"即点即输"下面选中"启用'即点即输'"复选框。

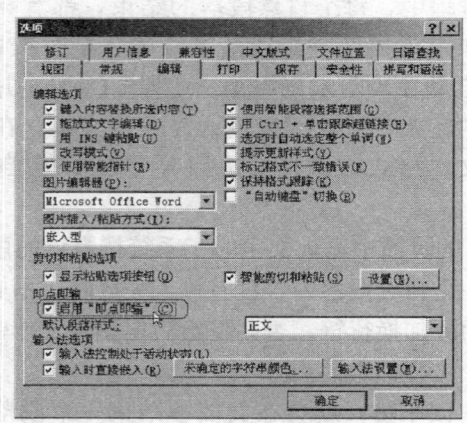

图 4—3　"选项"对话框"编辑"选项卡

三、输入汉字

要输入汉字,就必须先调用一种适合自己的汉字输入法。在 Windows XP 中,系统提供了多种中文输入方法。用户不但可以使用 Windows 系统提供的微软拼音、全拼、双拼、区位、智能 ABC 和郑码输入法,也可以安装和使用其他汉字输入法,如五笔字型汉字输入法,还可以使用手写板配合手写输入法来输入中文。

选用中文输入法的方法有下面两种。

1. 鼠标操作法

单击中文 Windows "任务栏"上"语言栏"中的输入法选择按钮，屏幕将弹出一个输入法列表，列表上显示的就是当前系统已安装的输入法，如图 4—4a 所示。单击用户需要的输入法，此时任务栏上的输入法选择按钮的图标将随着输入法的不同而做相应的改变。例如，选择微软拼音输入法后，语言栏中将显示微软拼音输入法的图标，如图 4—4b 所示。

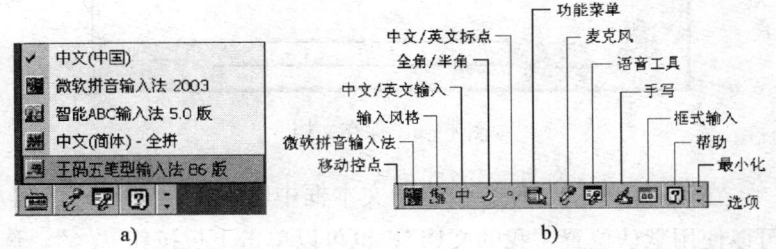

图 4—4　语言栏和输入法列表

2. 键盘操作法

使用 Ctrl+Space 组合键来启动或关闭选用的中文输入法。使用 Ctrl+Shift 或 Alt+Shift 键在英文和各种输入法之间进行顺序切换。在顺序切换的过程中，自己决定采用哪一种中文输入法。由于是顺序切换，所以当输入法较多时，这种方法费时且麻烦。

选用某种汉字输入法后，就可以使用该种汉字输入法的编码方法来输入汉字了。

四、保存文档

文档录入完成之后，选择"文件"→"保存"命令，或按快捷键 Ctrl+S，或单击常用工具栏上的"保存"按钮"🖫"进行保存。如果是第一次保存该文件，磁盘上还没有该文件的记录，将打开"另存为"对话框，如图 4—5 所示。

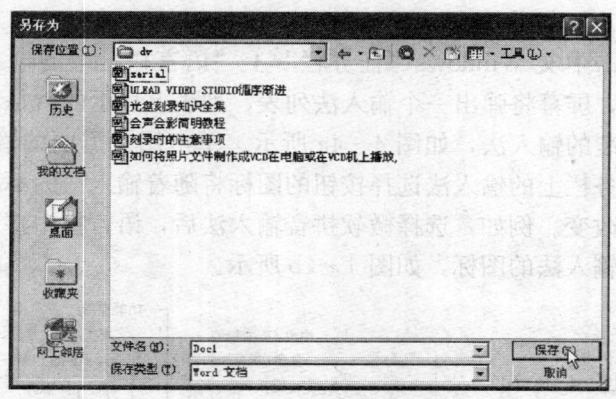

图 4—5 保存文档

在该对话框的"保存位置"文本框中输入保存文件的位置,可以使用默认位置"我的文档";也可以单击下拉按钮"▼",选择一个文件夹保存;还可以单击"另存为"对话框工具栏的"新建文件夹"按钮,新建一个文件夹来保存文件。Word 2002 支持 Word 文档(*.doc)、Web 页(*.htm;*.html)、文档模板(*.dot)、RTF 格式(*.rtf)等 6 种保存文件类型,如下拉列表所示。用户可在"保存类型"下拉列表框中选择一种文件类型,这里选择"Word 文档(*.doc)"类型。在"文件名"文本框中输入保存的文件名。然后单击"保存"按钮进行保存。

如果文件已经保存过,选择"保存"命令时,将以原来的文件名和文件类型,保存在原来的位置,而不出现上述对话框。如果要改变文件名或文件类型或保存位置,应该选择"文件"→"另存为"命令,打开"另存为"对话框,以新的文件名或文件类型或路径保存即可。

五、关闭文档

完成对文档的操作之后,可以将打开的文档关闭。关闭文档有两种方法。

1. 只关闭文档，不关闭 Word 2002 程序窗口

单击菜单栏最右端的"关闭窗口"按钮"✖"，或者选择"文件"→"关闭"命令，可以只关闭当前文档窗口，而不关闭 Word 2002 程序窗口。如果 Word 同时打开了多个文档，将切换到另一文档。

2. 同时关闭文档和 Word 2002 程序窗口

单击标题栏最右端的"关闭"按钮，或者选择"文件"→"退出"命令，或选择控制菜单中的"关闭"命令，可以同时关闭当前文档和 Word 2002 程序窗口。

如果在关闭文档之前对文档进行过操作而未保存，在关闭文档时会弹出一个如图 4—2 所示的提示框，询问"是否保存对文档的更改？"如果需要保存，单击"是"按钮将文档保存；如果不需要保存，单击"否"按钮即可；如果单击"取消"按钮，则放弃关闭操作，返回编辑状态。

六、打开已有文档

打开已存放在磁盘上的 Word 文档有多种方法。

1. 双击磁盘上的 Word 文档的图标

已有的 Word 文档都存放在磁盘的某一个文件夹中，可以打开"我的电脑"或"资源管理器"，定位到存放该 Word 文档的文件夹，然后双击该 Word 文档的图标，即可启动 Word 应用程序，同时打开该 Word 文档。

2. 打开最近使用的 Word 文档

打开"开始"菜单，单击"我最近的文档"，在下拉菜单中将列出最近使用的所有文档（默认为 15 个文档）。在列表中单击所需要的 Word 文档，即可启动 Word 并打开该文档。

已经启动 Word 以后，也可以打开所需的 Word 文档。

（1）通常在"文件"菜单下部都会列出最近使用过的 Word 文档（默认为 4 个），用户单击某一个文档即可打开。

（2）最近使用过的 Word 文档也会列在"新建文档"任务窗

格中。用户选择"文件"→"新建"命令,打开"新建文档"任务窗格,在"打开文档"选项区单击要打开的文档名称即可。

3. 使用"打开"对话框

如果要打开不在最近使用的文档列表中的文档,可以使用"打开"对话框,根据文档的位置和名称找到所需文档并将其打开。

选择"文件"→"打开"命令,或单击常用工具栏的"打开"按钮"",或单击"新建文档"任务窗格的"打开文档"选项区的"其他文档"超级链接,显示"打开"对话框,如图4—6所示。

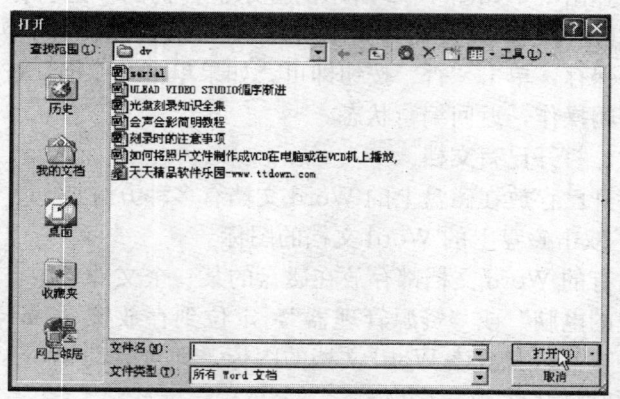

图 4—6 "打开"对话框

在"查找范围"下拉列表框中,单击下拉按钮"▼",选择要打开的文档所在的磁盘、文件夹。在"文件类型"下拉列表框中选择要打开的文件类型。然后再在对话框中查找并选中要打开的文档。最后单击"打开"按钮,打开所选择的文档。

如果要以"只读方式"或"副本方式"打开,或者用浏览器打开 Web 文档,或者要在打开文档的同时进行修复,可单击

"打开"按钮右侧的下拉按钮▼,在下拉菜单中选择相应的选项。

§4—3 Word 2002 的编辑操作

Word 文档的编辑包括文本的选定、修改、插入、移动、复制、删除、恢复、重复、查找和替换等操作。

一、选定文本

在 Word 中,要对文档进行编辑、排版,首先要选定文本对象,然后再选择相应的操作。可以用鼠标和键盘两种方式来选定文本。

1. 用鼠标选定文本

可以拖动鼠标选定文本,还可以利用选定栏选定文本。

(1) 拖动鼠标选定文本。用鼠标指向待选文本的第一个字符,按下鼠标左键拖动鼠标,直到待选文本的最后一个字符,释放鼠标后即可将此段连续文本选定,呈反白状态。

拖动鼠标也可以选定几段不连续的文本。先按住鼠标左键选定第一段文本,然后按住 Ctrl 键,再按住鼠标左键依次选定其他几段文本,最后释放 Ctrl 键和鼠标即可。

(2) 利用选定栏选定文本。文档窗口左边界到正文左边界之间的空白区域叫做选定栏。当鼠标移到选定栏后,光标变成右上箭头"⇗",利用选定栏可以进行多种选定文本操作。

将鼠标移到选定栏中一行的左侧,单击就可选定该行。

将鼠标移到选定栏中一行的左侧,按住鼠标左键拖动,可以选定连续多行。

将鼠标移到选定栏中一段的左侧,双击就可选定该段。

按住 Ctrl 键,将鼠标移到选定栏中单击,可以选定整篇文档;或者在选定栏中快速三击鼠标左键,或者选择"编辑"→"全选"命令,都可以选定整篇文档。

(3) 扩展选定文本。首先将鼠标定位到待选文本的第一个字符前面单击,再用鼠标双击选中状态栏上的"扩展"指示器使之变黑,然后将鼠标移到待选文本的最后一个字符后面单击,即可选定该段文本。操作完成之后,要再次双击"扩展"指示器或按 Esc 键,关闭扩展模式。

更简单的方式是先将鼠标在待选文本的第一个字符前面单击,再按住 Shift 键,将鼠标在待选文本的最后一个字符后面单击,即可选定该段文本。

(4) 用鼠标选定文本的其他方法。按住 Ctrl 键用鼠标在任意句中单击可以选定该句;在任意段中快速三击鼠标左键可以选定该段;按住 Alt 键的同时按住鼠标左键拖动可以选定一个矩形文本块。

2. 用键盘选定文本

Word 2002 中也可以用键盘选定文本,主要是使用 Shift,Ctrl 和方向键的组合键来实现,常用选定文本的快捷键见表 4—1。

表 4—1　　　　　选定文本的快捷键

快捷键	功　能
Shift+→	向右选定一个字符
Shift+←	向左选定一个字符
Shift+↑	向上选定一行
Shift+↓	向下选定一行
Ctrl+Shift+→	选定内容扩展至下一单词开头或下一子句开头
Ctrl+Shift+←	选定内容扩展至上一单词末尾或上一子句末尾
Ctrl+Shift+↑	选定内容扩展至段首
Ctrl+Shift+↓	选定内容扩展至段尾
Shift+Home	选定内容扩展至行首
Shift+End	选定内容扩展至行尾
Ctrl+A	选定整篇文档

3. 取消文本选定状态

用鼠标在文档其他地方单击，可取消文本选定状态。

二、插入与改写

1. 插入文本

在状态栏的"改写"指示器处于灰色状态时，表示此时是文本插入状态。将鼠标移到需要插入文本的地方单击，此处出现一个闪烁的光标，然后输入文本，插入在光标位置。

2. 改写文本

如果有一段文本需要改写，可以先选定这段文本，使之处于反白状态，然后输入新的文本，新文本将自动替换原来的文本，达到改写文本的目的。

也可以先将光标定位到要改写文本第一个字符前面，再用鼠标双击状态栏的"改写"指示器或按 Insert 键激活改写模式（"改写"指示器变成黑色），表示此时处于文本改写状态，这时输入的文本将自动替换原来文本。

双击"改写"指示器或按 Insert 键可以切换"改写"指示器的插入或改写状态。

三、删除、移动和复制文本

1. 删除文本

将光标定位到要删除文本的地方，用 Backspace 键可删除光标左边的字符，用 Delete 键可删除光标右边的字符。

也可以先选定要删除的文本，然后选择"编辑"→"剪切（Ctrl+X）"命令，或单击工具栏的剪切按钮"✂"，或按 Delete 键，即可将选定的文本删除。

2. 移动和复制文本

移动文本最简单的方法，是选定需要移动的文本，然后将鼠标指向该文本按下鼠标左键，将此文本拖放到目标位置即可。该方法特别适合于文档内近距离移动文本。复制文本的操作与此相同，只是在拖动文本的同时，需要按住 Ctrl 键，到达目标位置后,先释放鼠标左键,再释放 Ctrl 键,即可将选定的文本复制到目标位置。

如果要在文档中长距离地移动文本,可以使用 Windows 剪贴板。首先选定需要移动的文本;再选择"编辑"→"剪切(Ctrl+X)"命令,或在选定文本上单击鼠标右键,从快捷菜单中选择"剪切"命令,或单击工具栏"剪切"按钮" ",将选定文本移动到剪贴板上;最后定位到移动文本的目标位置,选择"编辑"→"粘贴(Ctrl+V)"命令,或在目标位置单击鼠标右键,从快捷菜单中选择"粘贴"命令,或单击工具栏"粘贴"按钮" ",将剪贴板中的内容粘贴到目标位置。

使用 Windows 剪贴板复制文本,其操作与使用剪贴板移动文本类似,只是将所有的"剪切"操作更改为"复制"操作即可。

3. 使用 Office"剪贴板"任务窗格

Office XP 提供了 Office 剪贴板,它与 Windows 系统剪贴板的最大区别在于可视化和大容量,它以"剪贴板"任务窗格的形式出现,最多可以存放最近 24 项内容。使用 Office 剪贴板可以在 Office 系列产品之间进行移动和复制。

使用 Office 剪贴板进行移动和复制的操作步骤如下:

(1)选择"编辑"→"Office 剪贴板"命令,或按组合键 Ctrl+C 两次,打开"剪贴板"任务窗格,如图 4—7 所示。

(2)用前面介绍的方法进行剪切和复制,将需要移动或复制的内容保存到剪贴板中,Office 剪贴板最多可以存放 24 次最近剪切或复制的内容。

(3)将光标定位到需要插入的位置,在"剪贴板"任务窗格中用鼠标指向需要插入的内容,单击该内容右侧的下拉按钮,在下拉菜单中选择"粘贴"命令,即可将所选内容粘贴到文档光标处。如果选择"删除"命令可将剪贴板上该项内容删除,为新的内容腾出空间。

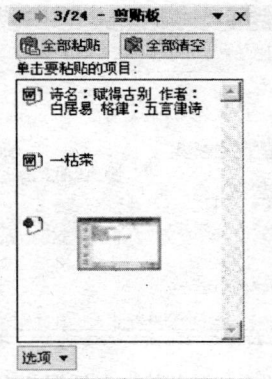

图 4—7 "剪贴板"任务窗格

重复上述步骤,可以向文档的不同位置插入剪贴板中的内容。

单击"剪贴板"上部"全部粘贴"按钮,可将剪贴板内容全部插入目标位置;单击"全部清空"按钮可以清空剪贴板。单击标题栏右侧的"关闭"按钮,可以关闭"剪贴板"。

四、查找和替换

1. 查找

在当前文档中查找一个文本或词语,可以使用查找命令。例如要在文档中查找"图像"一词,可以选择"编辑"→"查找(Ctrl+F)"命令,打开"查找和替换"对话框"查找"选项卡,如图 4—8 所示。

在"查找内容"文本框中输入需要查找的内容(这里输入"图像"),单击"高级"按钮,在"搜索选项"选项区选中需要的复选框,单击"查找下一处"按钮,进行查找。查找到一处,便定位等待用户选择。如果不是所需内容,单击"查找下一处"按钮,继续进行查找,直至查找结束。

2. 替换

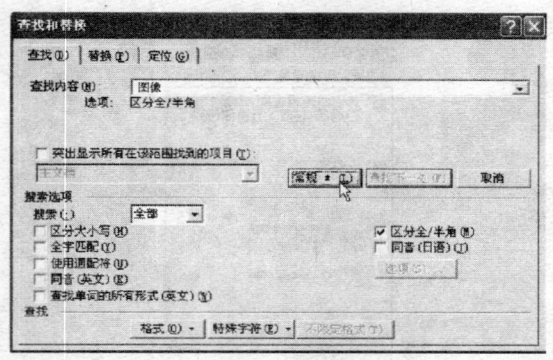

图 4—8 "查找和替换"对话框"查找"选项卡

在编辑文档时需要成批改正一些错误,可以使用"替换"命令。例如,将文档中的某些(不是全部)"Internet"改为"因特网",可以选择"编辑"→"替换(Ctrl+H)"命令,打开"查找和替换"对话框"替换"选项卡,如图 4—9 所示。

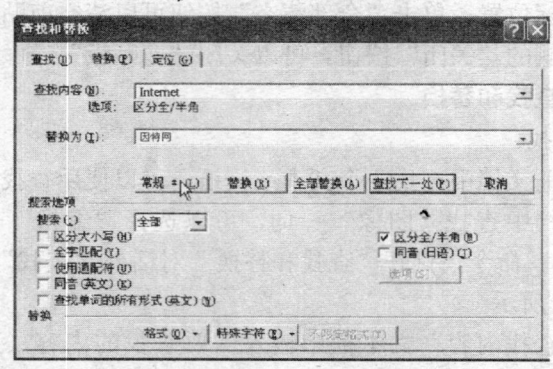

图 4—9 "查找和替换"对话框"替换"选项卡

在"查找内容"文本框中输入"Internet",在"替换为"文本框中输入"因特网",单击"高级"按钮,在"搜索选项"选项区选中需要的复选框,单击"查找下一处"按钮,进行查找。

每找到一个"Internet",便定位并等待用户选择,如果需要替换便单击"替换"按钮,如果不需要替换便单击"查找下一处"按钮,继续进行查找,直至查找结束。

五、撤销、恢复与重复

1. 撤销

在进行键入、删除、移动、复制、改写等操作时,Word 2002会自动记录下最近的击键和执行过的命令。所以,当不小心误删了一段文本时,也可以使用Word 2002的"撤销"命令,撤销刚才的操作,将误删的内容恢复。

选择"编辑"→"撤销(Ctrl+Z)"命令,或单击常用工具栏上的"撤销"按钮" "一次,可以撤销最近一次操作。

单击"撤销"按钮旁边的下拉按钮" ",打开撤销操作列表,可以看到用户最近所进行的操作,都按操作顺序记录在此。用户选中要撤销的操作并单击鼠标,即可撤销选中的操作,进入到该操作以前的状态。

2. 恢复

进行撤销操作之后,"撤销"按钮右边的"恢复"按钮变为可用状态。如果撤销操作搞错了,还可以恢复刚才被撤销的操作。

选择"编辑"→"恢复(Ctrl+Y)"命令,或单击工具栏上的"恢复"按钮" ",可以恢复刚才被撤销的操作。

如果连续进行了多次撤销操作,单击"恢复"按钮旁边的下拉按钮" ",打开操作列表,可以恢复以前的撤销操作。

3. 重复

重复操作与恢复操作类似,它用于重复最近一次进行的操作。选择"编辑"→"重复(Ctrl+Y)"命令,或按F4键,可以重复刚才进行的操作。

§4—4 Word 2002 的排版操作

Word 文档的排版操作包括字符格式化、段落格式化和版面设计等。

一、设置字符格式

字符格式化就是设置字符格式，如字体、字形、字号、颜色和各种特殊效果。设置字符格式主要使用"格式"工具栏和"字体"对话框。前者可以对字符进行常用格式设置，后者可以对字符进行全面的格式设置，并实现一些工具栏中没有的功能。用户键入新的字符时，如不改变设置，将沿用插入点前一字符的格式。

1. 使用"格式"工具栏

Word 的"格式"工具栏用于对文档进行常用格式设置，如图 4—10 所示。

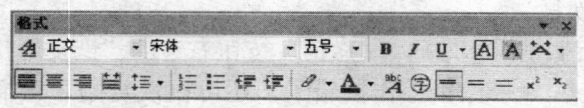

图 4—10 "格式"工具栏

（1）设置字体。Word 中默认的汉字字体是宋体，英文字体为 Times New Roman（新罗马体）。利用"字体"列表框可以很方便地选择所需要的字体。首先选定需要设置字体的文字，然后单击"字体"列表框右边的下拉按钮，打开"字体"下拉列表，如图 4—11a 所示。在字体列表框中单击所需要的字体即可。在列表中有些字体前面有双 T 标记，表示该字体是 TrueType 字体即真实字体，它的显示效果与实际打印效果一致。

（2）设置字号。在 Word 中，默认的字号是五号字。利用"字号"列表框可为所选的文本设置字号。首先选定需要设置字

图 4—11　"字体"下拉列表和"字号"列表

体的文字,单击"字号"列表框右边的下拉按钮,打开下拉列表,如图 4—11b 所示。在字号列表框中单击所需要的字号即可。从列表可以看到,字号有两种表示方法,一种是中国制式的字号(从最小的八号到最大的初号),一种是英制的磅值(Point,从最小的 5 磅到最大的 72 磅)。

在字号列表中可以看到,字符的大小既可以用字号表示,也可以用英制的磅值大小表示。Word 中实际可显示的最大字号为 1 638 磅。英寸、磅和毫米的换算关系是:1 英寸 = 72 磅 = 25.4 mm。

2. 使用"字体"对话框

使用"字体"对话框可以对文字字体进行全面细致的设置。选择"格式"→"字体"命令,打开"字体"对话框,该对话框有 3 个选项卡,分别对字体、字符间距和文字效果进行设置。

(1) 设置字体。打开"字体"选项卡,可以对字体进行全面的设置,如图 4—12a 所示。除了提供和工具栏上相应按钮的功能之外,还提供了"着重号"和"效果"等功能。使用"着重号"功能可以在所选文字下面加着重号。在"效果"选项区,提供了多个复选框,例如删除线、上标、下标、空心、阴文、阳文、阴影等,对应不同的静态效果。用户可以选中一个或多个复选框,以加强显示效果。在"预览"框中显示所选设置的显示效果。如果满意,单击"确定"按钮即可。

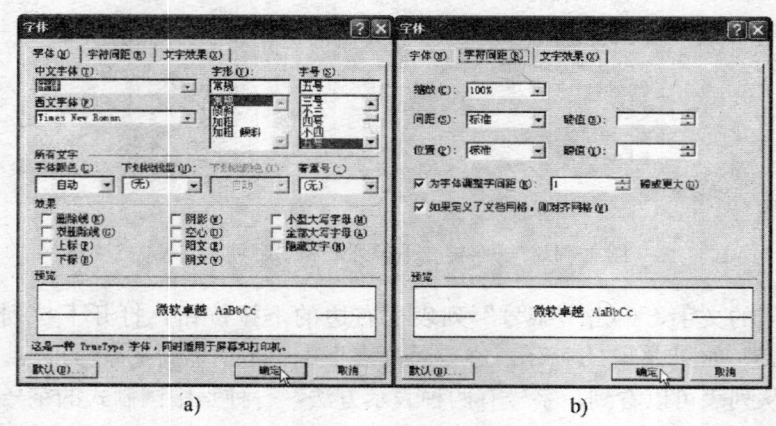

图4—12 "字体"选项卡和"字符间距"选项卡

(2)设置字符间距。打开"字符间距"选项卡,可以对字符间距进行设置,如图4—12b所示。设置字符缩放比,可以从"缩放"下拉列表中选择一个缩放比,也可以在缩放文本框中输入1~600之间的一个百分比。设置字符间距,有标准、加宽和紧缩3个选项,默认为标准间距。选择加宽或紧缩间距时,需在"磅值"文本框中输入加宽或紧缩的磅数。设置字符位置,有标准、提升和降低3个选项,默认为标准位置。选择提升或降低间距时,需在"磅值"文本框中输入提升或降低的磅数。

二、设置段落格式

设置段落格式称为段落格式化,就是在一个段落所在页面范围内,对该段内容的总体外观进行调整。这种调整也可以包括对段落中字符的格式化。

如果在一个段落的结尾按 Enter 键开始一个新的段落,新段落将沿用上一段落的所有段落格式设置,以及上一段落结尾字符的所有字符格式设置。用户也可以改变设置。

一个段落的段落标记将控制所在段落的格式设置。删除一个段落标记,将上一段合并到下一段落中,并采用下一段落的格式设置。

设置段落格式主要使用"格式"工具栏和"段落"对话框。选择"格式"→"段落"命令,或在段落内单击鼠标右键,在弹出的快捷菜单中选择"段落"命令,都可以打开"段落"对话框,如图 4—13 所示。

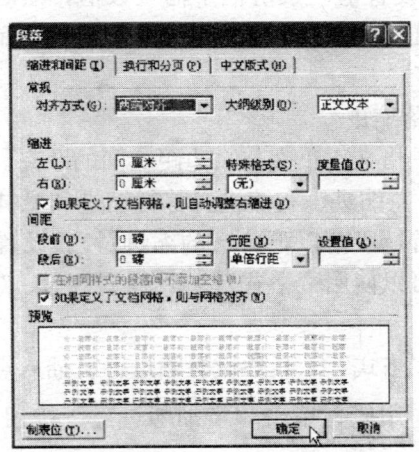

图 4—13 "段落"对话框

1. 设置段落对齐方式

将插入点移到需要设置段落对齐方式的段内的任意位置(该段落称为当前段落),单击"格式"工具栏的"两端对齐"按钮"▤""居中"按钮"▤""右对齐"按钮"▤"和"分散对齐"按钮"▤",可以将该段设置为两端对齐、居中、右对齐和分散对齐 4 种对齐方式。打开"段落"对话框的"缩进和间距"选项卡,在"常规"选项区单击"对齐方式"下拉按钮,可以设置5种对齐方式(增加了"左对齐"方式)。

2. 设置行间距

将插入点移到需要设置段落行间距的段内的任意位置(该段落称为当前段落),单击工具栏"行距"按钮"⟦≡⟧·"右侧的下拉按钮,可以选择设置"1.0,1.5,2.0,2.5,3.0"倍行距。打开"段落"对话框的"缩进和间距"选项卡,在"间距"选项区单击"行距"下拉按钮,可以选择设置单倍行距、1.5倍行距、2倍行距。如果选择了"最小值""固定值"或"多倍行距",需要在"设置值"数值框中输入数值,然后按"确定"按钮进行设置。在"间距"选项区还可以设置"段前"间距和"段后"间距。

3. 设置段落缩进

段落缩进是指文本正文与页边距之间的距离。段落缩进包括4种缩进方式:左缩进、右缩进、首行缩进和悬挂缩进(悬挂缩进是指相对于首行段落以下各行的缩进量)。设置文档中当前段落缩进格式,可以使用"格式"工具栏、键盘、"段落"对话框和水平标尺。

(1)使用"格式"工具栏设置缩进。将插入点移到需要设置缩进的段落中,用鼠标单击"增加缩进量"按钮"≣"或"减少缩进量"按钮"≣",Word会为该段落自动增加或减少一个制表位宽度的缩进量。

(2)使用 Tab 键和 Backspace 键设置缩进。要使段落首行缩进,将插入点移到首行前;要使整个段落缩进,将插入点移到除首行外任意一行前。然后按 Tab 键,Word 会自动增加一个制表位宽度的缩进量。

如果要取消缩进,可在移动插入点之前按 Backspace 键。

(3)使用"段落"对话框设置缩进。打开"段落"对话框,单击"缩进和间距"选项卡,如图4—13所示。在"缩进"选项区可以设置"左缩进""右缩进""首行缩进"和"悬挂缩进"。单击左缩进下拉列表,设置左缩进量;单击右缩进下拉列表,设置右缩进量;单击"特殊格式"下拉列表,选择"首行缩进"或"悬挂缩进"时,需要在"度量值"数值框中输入缩进值。然后按"确定"按钮为当前段落设置缩进。"段落"对话框可以进行精确设置。

(4) 使用水平标尺设置缩进。Word 2002 的水平标尺上有4个标记,分别为"首行缩进""左缩进""悬挂缩进"和"右缩进"标记,如图4—14所示。

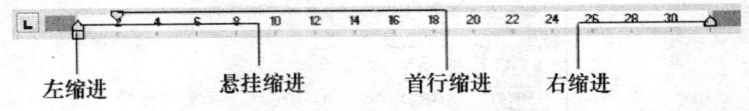

图4—14 水平标尺上的缩进标记

将插入点移到所需设置缩进段落,如果要设置段落中首行缩进,可用鼠标拖动"首行缩进"标记至所需位置;如果要设置除首行外其他各行的左缩进,可拖动"悬挂缩进"标记至所需位置;如果要设置整个段落的左缩进,可拖动"左缩进"标记至所需位置;如果要设置右缩进,可拖动"右缩进"标记至所需位置。

§4—5 页面版式设计

Word 的页面版式设计包括页面设置、页码、页眉、页脚的设置、边框和底纹的设置,以及分栏排版等方面的内容。

一、页面设置

在 Word 中,选择"文件"→"页面设置"命令,打开"页面设置"对话框,如图4—15所示。使用"页面设置"对话框,可以对页面的页边距、纸型、纸张来源、版式和文档网格进行设置。该设置不仅对文档的布局和外观起到决定性作用，也决定了文档的打印效果。

1. 页边距

在"页面设置"对话框中，选择"页边距"选项卡，如图4—15所示。利用页边距选项卡，可以精确设置页边距等有关内容。

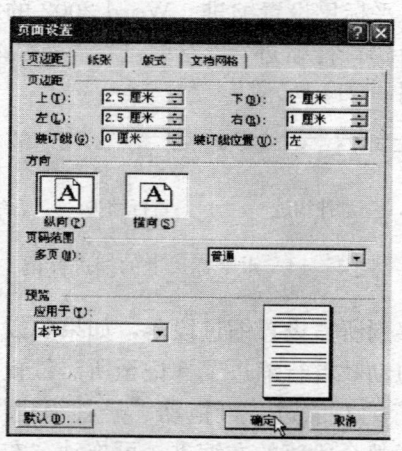

图4—15　"页面设置"对话框"页边距"选项卡

（1）设置页边距。页边距是指正文与页面边缘之间的距离，页眉、页脚和页码就在页边距中。在"页边距"选项区中有"上""下""左""右"4个页边距数值框，在这些数值框中输入数值，可以设置上、下、左、右页边距。对于需要装订线的文档，还需要指定装订线位置和装订线边距。装订线边距不包括在页边距中。

（2）设置页面方向。可以选择"纵向"或"横向"。

设置完成后，在预览框中可以看到设置效果。单击"确定"按钮应用设置并退出对话框。

2. 纸型及纸张来源

纸型指纸张大小,纸张来源指纸张位于打印机的位置。用户应根据文档要求和打印机的情况进行设置。在"页面设置"对话框中,选择"纸张"选项卡,如图4—16所示。

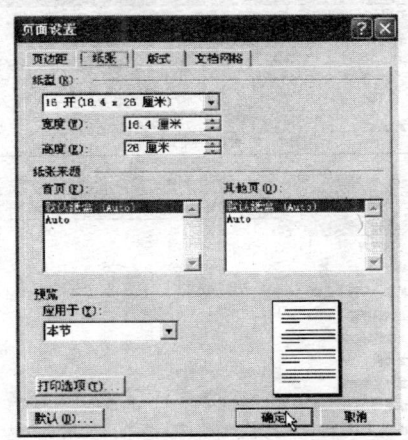

图4—16 "页面设置"对话框"纸张"选项卡

(1) 纸型选择。在"纸型"下拉列表中,根据文档需要选择一种纸型,例如选择A4或16开纸等常用的纸型。

(2) 选择纸张来源。在纸张来源列表框中指定纸张在打印机中的位置,一般选择"默认纸盒(自动选择)"。

(3) 打印选项。如果要设置打印选项,可单击"打印选项"按钮,在"打印"对话框中进行设置。

二、页眉和页脚

页眉和页脚通常位于文档每页的上页边距和下页边距中。Word可以自动调节上下页边距以适应页眉和页脚中的内容。页眉和页脚的内容可以包含文档名、作者名、章节号、日期、页码,甚至图形(例如公司标志)及版权信息等。

选择"视图"→"页眉和页脚"命令,文档自动切换到页眉和页脚编辑状态，同时打开"页眉和页脚"工具栏，如图 4—17 所示。图中"页眉"下面的虚线框中所示区域即为页眉区域，用户可以在此区域创建页眉。

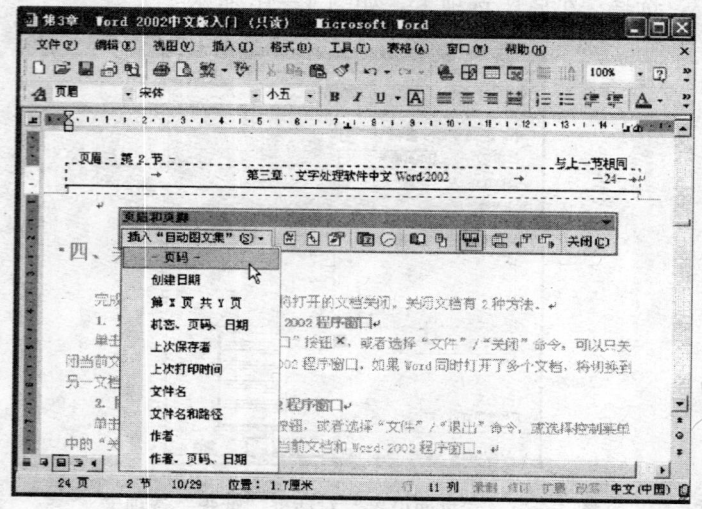

图 4—17 "页眉和页脚"工具栏

将插入点移到页眉或页脚需要插入文字或图形的位置输入文字或图形，或者单击"页眉和页脚"工具栏上的按钮输入自动图文集、页码、页数、日期和时间等内容。

如果在"页面设置"对话框的"版式"选项卡中选中了"奇偶页不同"或"首页不同"复选框，可以单击"显示前一项"或"显示下一项"按钮，在首页或奇偶页输入不同的页眉或页脚。如果文档分成了多个节，可以用这两个按钮设置前一节或下一节的页眉或页脚。

用户可以对页眉和页脚的文字或图形设置格式、字体、字号等。

页眉区和页脚区的大小会随用户在其中键入的内容自动调整

大小。用户也可以手动调整，方法是将光标定位于页眉中，拖动垂直标尺上的"上边距"和"下边距"标记，手动调整页眉区上下边界。将光标定位于页脚中，拖动垂直标尺上的"上边距"标记调整页脚宽度。

三、文档分栏

分栏是报纸、杂志上常用的排版方式。它可使文本阅读更加方便、版面布局更加活泼。使用分栏排版方式，使页面分成了多个列，每个列称为一栏。前一栏末尾的文本与后一栏开头的文本相衔接。有两种建立分栏的方法：一是使用"其他格式"工具栏的"分栏"按钮，可建立最多达6栏的多栏版式；二是使用"格式"菜单中的"分栏"命令，打开"分栏"对话框，可建立最多达11栏的多栏版式，并可以对分栏进行详细、精确的设置。

1. 使用"分栏"按钮

选中要进行分栏的内容，如果不选定内容，将对整个文档进行分栏。然后单击"常用"工具栏中的"分栏"按钮"▤"，并拖动鼠标显示所需的分栏数（例如3栏），如图4—18所示。然后松开鼠标，Word即对所选对象进行分栏。

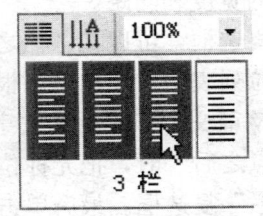

图4—18 使用"分栏"按钮进行分栏

2. 使用"分栏"对话框

使用"分栏"对话框，可以对文档全面精确地设置分栏。首先选中要分栏的对象，如果不选定任何内容，将对整个文档或插入点之后的内容进行分栏。

选择"格式"→"分栏"命令,打开"分栏"对话框,如图4—19所示。

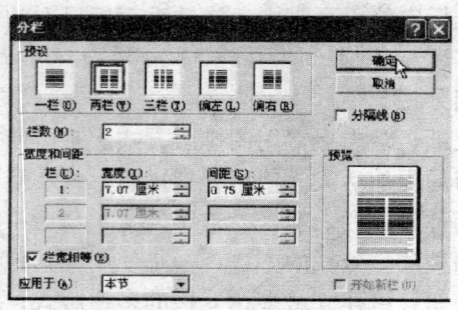

图4—19 "分栏"对话框

如果分栏数不大于3,可在"预设"选项区选择分栏方案,有一栏、两栏、三栏、偏左、偏右几种方案可选。选择"一栏"将恢复单栏。如果分栏数大于3,可在栏数数值框中键入或选定栏数,最大值为11。预览区显示当前节的分栏情况。

在"宽度和间距"选项区中,如果选中"栏宽相等"复选框,则各栏宽度相等,间距也相同。如果清除"栏宽相等"复选框,则可以调节各栏的宽度和间距。

选中"分隔线"复选框,可以在各栏之间添加竖线分隔线。

在"应用于"下拉列表中,用户可以根据需要选择分栏的应用范围,可选项有"整篇文档""所选文字"或"插入点之后"等。如果选择"插入点之后"时,把光标位置作为新栏的开始位置,应选中"开始新栏"复选框。最后单击"确定"按钮进行分栏。如果是对所选段落或部分文本进行分栏,Word将会自动在所选段落或部分文本前后分别添加一个连续型的分节符。如果选择在"插入点之后"进行分栏,也会在插入点处自动添加一个连续型的分节符。

§4—6 Word 2002 的表格制作

用表格来组织信息，是一种常用的方法，它简明直观、结构严谨、信息丰富。Word 2002 提供了强大的表格编排功能，用户可以轻松地建立和使用表格。

一、创建表格

创建表格的方法有 3 种。

1. 使用"插入表格"按钮

单击常用工具栏上的"插入表格"按钮"▦"，出现一个表格行数和列数的选择框，按住鼠标左键拖动鼠标到合适的行数和列数时（本例插入 7 行、5 列的表），松开鼠标后，Word 就会在文档的插入点处插入一个表格，如图 4—20 所示。

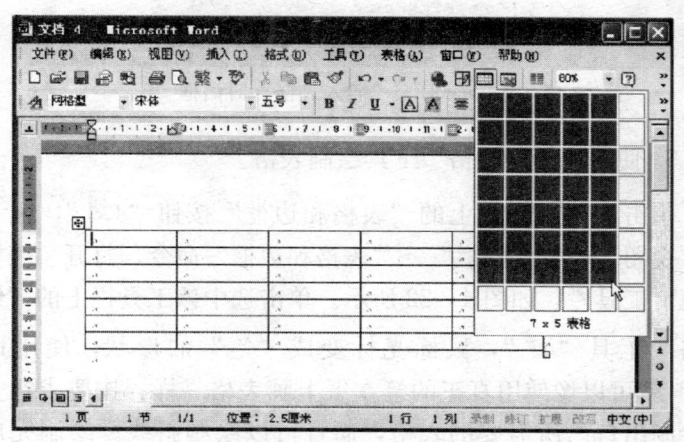

图 4—20 用"插入表格"按钮创建表格

利用"插入表格"按钮创建表格的优点是方便快捷，缺点是创建的表格的行数和列数有一定限制。如果要创建行数和列数较多的表格时，需要使用"插入表格"对话框。

2. 使用"插入表格"对话框

选择"表格"→"插入"→"表格"命令，打开"插入表格"对话框，如图4—21所示。可以在"行数"和"列数"数值框中输入要创建的表格的行数和列数，并且可以在"自动调整"操作选项区设置表格的列宽，或者单击"自动套用格式"按钮来选择一种表格的样式。然后单击"确定"按钮，Word将根据用户的设置创建表格。

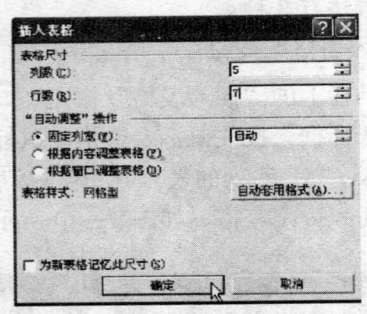

图4—21 "插入表格"对话框

3. 使用"绘制表格"工具绘制表格

单击常用工具栏上的"表格和边框"按钮" "，或者选择"视图"→"工具栏"→"表格和边框"命令，打开"表格和边框"工具栏，如图4—22所示。单击选中该工具栏上的"绘制表格"工具" "，鼠标光标变成"笔"的形状，使用这支"笔"就可以像使用真正的笔在纸上画表格一样，按要求在文档中绘制出自己所需要的表格，而且可以绘制斜线。绘制完成之后，再次单击"绘制表格"工具，退出使用状态。

如果对绘制的某一条线不满意，可以单击选中"擦除"按钮" "，鼠标光标变成"橡皮"形状，用这块"橡皮"将不需要的线擦除即可。在用"绘制表格"工具绘制表格时，按住Shift

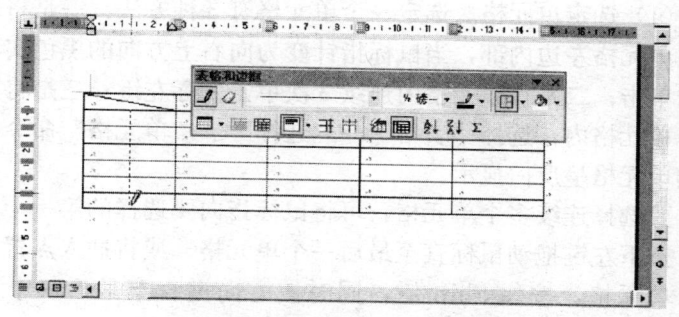

图 4—22 使用"绘制表格"工具绘制表格

键,光标也会变成"橡皮"形状用来擦除表格线。

二、编辑表格内容

1. 在表格中输入文本和图片

创建表格后,就可以向表格的单元格中输入文本或粘贴图片。在单元格中,文本的键入和编辑与在普通文档中的操作基本相同。用鼠标单击某一个单元格,将插入点置于该单元格中,即可键入文字。如果列宽不是根据内容调整,则当键入内容到达单元格的右边界时,再键入的内容将自动换到下一行并增加该行的行高。在键入文本时,如果按 Enter 键,Word 将在该单元格内开始一个新的段落。每个单元格中可以包含有多个段落。可用与普通文本相同的方法对单元格中的文本进行编辑和格式化。

要把插入点移到另一单元格,可用鼠标在该单元格中单击,或使用方向键移动。在表格中,按 Tab 键光标将右移一个单元格,按 Shift+Tab 组合键光标将左移一个单元格,按 Ctrl+Tab 组合键产生一个制表位。

2. 表格的选定操作

表格的选定操作包括选定一个单元格、行、列以及一个区域。

(1) 选定单元格。选定一个单元格有 3 种方法：一是将鼠标指向单元格左边内部，当鼠标指针变为向右上方向的黑色实心箭头时单击；二是在单元格内连续 3 次单击鼠标左键；三是将光标置于单元格内，选择"表格"→"选择"→"单元格"命令。选定的单元格呈反白显示。

要选择连续多个单元格，可将鼠标指向要选择的第一个单元格，按下左键拖动鼠标直至最后一个单元格。或将插入点置于第一个单元格，按住 Shift 键，同时按方向键直至最后一个单元格。这两种方法还可以用于选定一个矩形区域。

(2) 选择行。选择一行有 3 种方法：一是将鼠标指向单元格左下角，当鼠标指针变为向右上方向的黑色实心箭头时双击鼠标左键；二是将鼠标移至该行左侧，当鼠标指针变为向右上方向的空心箭头时单击鼠标左键；三是将插入点置于该行任意一个单元格内，然后选择"表格"→"选择"→"行"命令。选定的行呈反白显示。

要选定连续多行时，将鼠标移至第一个要选定的行的左侧，当鼠标指针变成向右上方向的空心箭头时，按下鼠标左键拖动鼠标，拖到要选定的最后一行即可。

(3) 选择列。选择一列有两种方法：一是将鼠标移至该列上方，当鼠标指针变为向下方向的实心黑色箭头时单击鼠标左键；二是将插入点置于该列任意一个单元格内，然后选择"表格"→"选择"→"列"命令。选定的列呈反白显示。

要选定连续多列时，将鼠标移至第一个要选定的列的上方，当鼠标指针变成向下方向的黑色实心箭头时，按下鼠标左键拖动鼠标，拖到要选定的最后一列即可。

(4) 选定整个表格。选定整个表格有 3 种方法：一是直接单击表格左上方的"移动柄"⊞；二是按照选定矩形区域的方法选定整个表格；三是将插入点置于该表格任意一个单元格内，然后选择"表格"→"选择"→"表格"命令。

3. 移动、复制和清除单元格的内容

移动、复制和清除单元格内容的方法与普通文本的操作方法类似。可以使用"编辑"菜单的"剪切""复制"和"粘贴"命令，也可以使用常用工具栏的"剪切""复制"和"粘贴"按钮，还可以直接使用鼠标拖动的方法。

在进行移动、复制和清除单元格的内容操作之前，首先要选定单元格区域。可以选定一个或多个单元格、一个矩形区域、一行或多行、一列或多列。

（1）使用菜单命令移动或复制单元格内容。首先选定要移动或复制的单元格区域，再选择"编辑"菜单的"剪切"或"复制"命令，然后将插入点置于目标区域的左上角的单元格中（或选择一个同样形状和大小的区域），选择"编辑"菜单的"粘贴"命令，将选定内容粘贴到目标区域并替换原来的内容。

也可以使用鼠标右键单击单元格区域，从快捷菜单中选择相应命令完成移动或复制操作。

（2）使用鼠标拖动方法移动或复制单元格内容。先选定要移动或复制的单元格区域，然后将鼠标指向所选内容，按下鼠标左键拖动到目标区域的左上角的单元格中，即可将所选内容移动到目标区域；如果要将所选内容复制到目标区域，拖动时必须按住 Ctrl 键。

（3）清除单元格内容。首先选定要清除内容的单元格区域，然后选择"编辑"→"剪切"命令，或用鼠标右键单击该区域，从快捷菜单中选择"剪切"命令，或单击工具栏上的"剪切"按钮，或按 Delete 键，都可清除所选单元格区域中的内容。

三、设置单元格文本格式

单元格中的文本由一个或多个段落组成。设置单元格文本的格式，包括设置字符格式和设置段落格式，方法与设置普通文本的方法类似。

1. 设置单元格文本字符格式

单元格文本字符格式包括字体、字号、颜色、字形、下划线、文字效果等，可以先选中待设置格式的字符，然后使用"格式"工具栏的有关按钮进行设置，或选择"格式"→"字体"命令，打开"字体"对话框进行精确设置。

2. 设置单元格文本段落格式

单元格文本段落格式包括对齐方式、缩进、行间距、制表位、项目符号和编号等，可以先选中待设置格式的段落，然后使用"格式"工具栏的有关按钮进行设置，或选择"格式"→"段落"命令，打开"段落"对话框进行精确设置。例如，单元格内容水平方向的对齐方式，可以用有关按钮或"段落"对话框设置为"两端对齐""居中"和"右对齐"等方式。

如果要设置单元格内容的垂直对齐方式，首先选定需要设置对齐方式的单元格区域，然后单击常用工具栏上的"表格和边框"按钮" "，打开"表格和边框"工具栏，再单击对齐方式工具" "的下拉按钮，在下拉列表中有9种对齐方式选项，如图4—23所示。

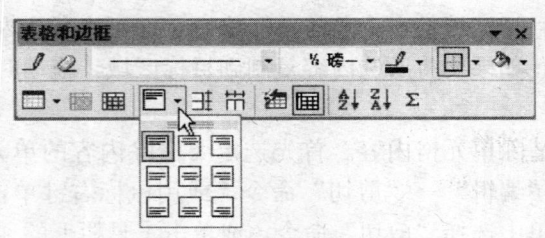

图4—23 设置单元格的对齐方式

用鼠标指向某个按钮，就会显示该按钮的名称和功能，单击需要设置的对齐方式即可。另外，用鼠标右键单击单元格，从快捷菜单中选择"单元格对齐方式"，也会弹出9种对齐方式选项，供用户选择。

四、表格的编辑

表格的编辑包括缩放表格，改变行高和列宽，插入单元格、行或列，删除单元格、行或列，合并或拆分单元格等。

1. 表格的移动、缩放和删除

表格创建成功之后，可以像处理图形对象一样，直接用鼠标进行移动和缩放。首先在表格中单击鼠标，在表格的左上角会出现一个"移动柄⊞"，在表格的右下角会出现一个"缩放柄 □"。

用鼠标指向"移动柄⊞"，鼠标指针变成十字箭头"✥"时，按下鼠标左键拖动，即可将表格移动到任意位置。用鼠标指向"移动柄 □"，鼠标指针变成斜向双箭头时，按下鼠标左键拖动，可以缩放表格。

在表格中单击鼠标，然后选择"表格"→"删除"→"表格"命令，可以删除整个表格。

2. 改变行高和列宽

（1）使用鼠标改变行高和列宽。将鼠标指向需要改变行高的行线，当鼠标指针变成上下方向的双向箭头时，按下鼠标左键上下拖动鼠标，改变该行行高到合适高度时，松开鼠标。

将鼠标指向需要改变列宽的列线，当鼠标指针变成水平方向的双向箭头时，按下鼠标左键左右拖动鼠标，改变该列列宽到合适宽度时，松开鼠标。

（2）使用"表格属性"对话框。选中需要改变行高或列宽的行或列所在的单元格，选择"表格"→"表格属性"命令，打开"表格属性"对话框，如图 4—24 所示。如要设置行高，选择"行"选项卡，选中"指定高度"复选框并在数值框中输入所要求的行高，还可以单击"上一行"和"下一行"按钮设置"上一行"和"下一行"的行高。如要设置列宽，可选择"列"选项卡，用类似的方法进行设置。如果选择"表格"选项卡，还可以对表格的宽度、对齐方式和文字环绕等进行设置。如果选择"单

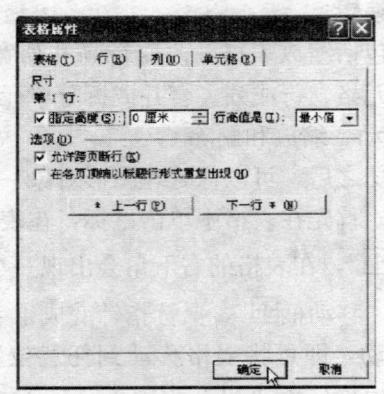

图4—24 "表格属性"对话框"行"选项卡

元格"选项卡,可以对单元格的宽度和垂直对齐方式进行设置。

选中需要改变行高或列宽的行或列,或所在的单元格,单击鼠标右键,从快捷菜单中选择"表格属性"命令,也能打开"表格属性"对话框。

3. 行、列和单元格的插入和删除

(1) 行的插入和删除。如果要在某行下面插入一行,可将插入点置于该行最后一列之后,按 Enter 键即可在该行之后插入一个空行。如果要在某行之前插入若干行(例如在"工资表"李四之前插入2行),可先选定该行(李四)及以下的若干行(选定的行数必须等于要插入的行数,本例一共为2行,如图4—25所示),然后选择"表格"→"插入"→"行(在上方)"命令,执行结果在所选2行之前插入了2个空行,如图4—26所示。如果选择"表格"→"插入"→"行(在下方)"命令,执行结果在所选两行之后插入了2个空行。使用此方法可以在任意位置插入任意行。

如果要删除刚才插入的两个空行,可以先选定2行,然后选择"表格"→"删除"→"行"命令,即可删除所选的行。

提示：

"删除"和"清除"的含义不同，操作方法也不一样。如果选定某些行之后，按 Delete 键或选择"编辑"→"剪切"命令或单击"剪切"按钮，只清除所选行中的文本内容，并不能删除所在的行。

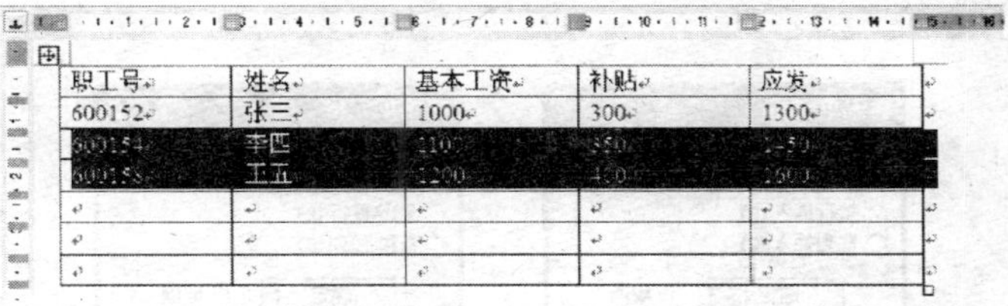

图 4—25　选定 2 行

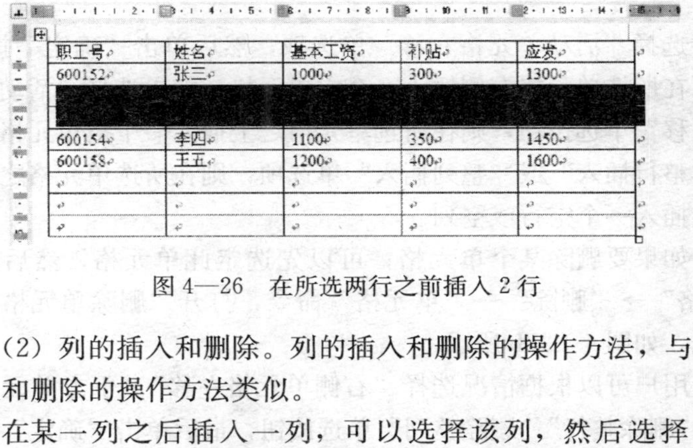

图 4—26　在所选两行之前插入 2 行

(2) 列的插入和删除。列的插入和删除的操作方法，与行的插入和删除的操作方法类似。

在某一列之后插入一列，可以选择该列，然后选择"表格"→"插入"→"列（在右侧）"命令即可。如果要在某列的左侧插入若干列（例如 2 列），可先选定该列及右侧的若干列（选定的列数必须等于要插入的列数，本例一共为 2 列），然后选择"表格"→"插入"→"列（在左侧）"命令，执行结果在所选 2 列左侧插入了 2 个空列。如果选择"表格"→"插入"→

"列（在右侧）"命令，执行结果在所选两列右侧插入了 2 个空列。使用此方法可以在任意位置插入任意列。

（3）单元格的插入和删除。如果要在某个单元格之前插入一个单元格，可以先选定此单元格，然后选择"表格"→"插入"→"单元格"命令，打开"插入单元格"对话框，如图 4—27a 所示。

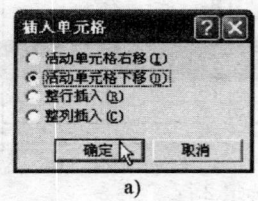 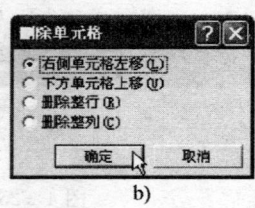

a)　　　　　　　　　　b)

图 4—27　"插入单元格"对话框和"删除单元格"对话框

选择"活动单元格右移"单选项，然后单击"确定"按钮，即可在所选单元格左侧插入一个空单元格。如果选择"活动单元格下移"单选按钮，则在所选单元格之上插入一个空单元格。选择"整行插入"或"整列插入"单选项，则在所选单元格之上或之左插入一个空行或空列。

如果要删除某个单元格，可以先选定此单元格，然后选择"表格"→"删除"→"单元格"命令，打开"删除单元格"对话框，如图 4—27b 所示。

用户可以根据情况选择"右侧单元格左移""下方单元格上移""删除整行""删除整列"单选按钮，最后单击"确定"按钮即可。

4. 单元格和表格的合并和拆分

（1）单元格的合并和拆分。单元格的合并是指将若干个相邻的单元格合并为一个单元格。操作方法如下：

首先选定要合并的若干个单元格，然后选择"表格"→"合并单元格"命令,即可将选定的若干个单元格合并为一个大的单元格,如图 4—28 所示。

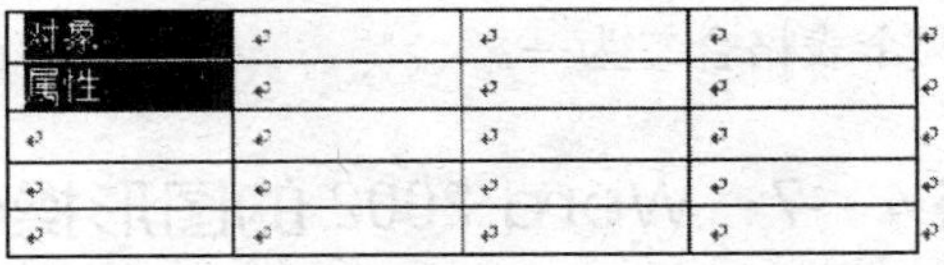

图 4—28 合并单元格

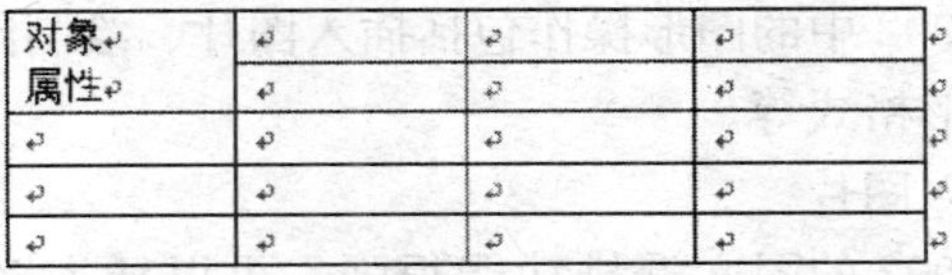

单元格的拆分是指将一个单元格拆分成若干个单元格。操作方法如下:

首先选定要拆分的单元格,然后选择"表格"→"拆分单元格"命令,弹出"拆分单元格"对话框,如图 4—29a 所示。在"列数"和"行数"数值框中分别输入拆分后的列数和行数,单击"确定"按钮,即可将所选的一个单元格拆分为几个单元格。例如,所选单元格如图 4—28a 所示,拆分的行数和列数如图 4—29a 所示,则拆分后的结果如图 4—29b 所示。

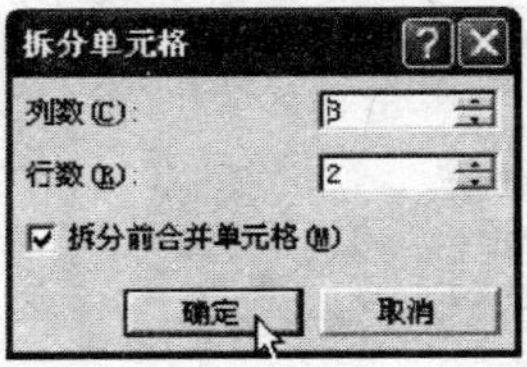

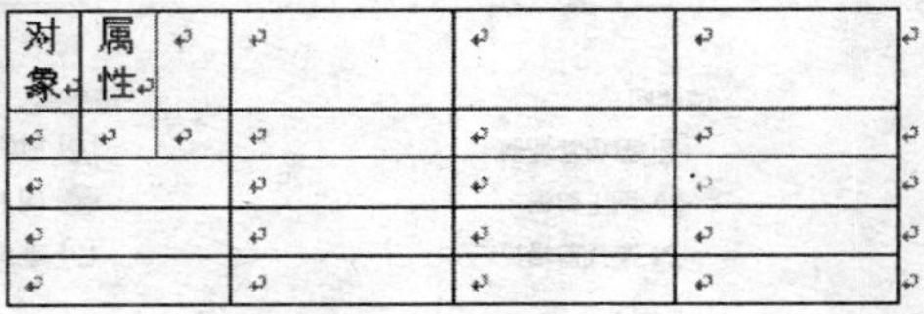

图 4—29 拆分单元格

(2) 表格的合并和拆分。将插入点移到表格的拆分位置任一单元格中,选择"表格"→"拆分表格"命令,就将原表格在插入点所在行拆分为上下两个表格;删除两个表格之间的段落标记,即可将两个表格合二为一。

§4—7　Word 2002 的图形操作

Word 2002 中的图形操作包括插入图片、绘制图形、编辑图形和设置图形格式等。

一、插入图片

Word 2002 的图文混排功能很强,可以插入多种格式的图片。

1. 插入剪贴画

将插入点移到需要插入剪贴画的位置,然后选择"插入"→"图片"→"剪贴画"命令,打开"插入剪贴画"任务窗格,如图 4—30a 所示。单击"多媒体文件类型"下拉按钮,从中选中

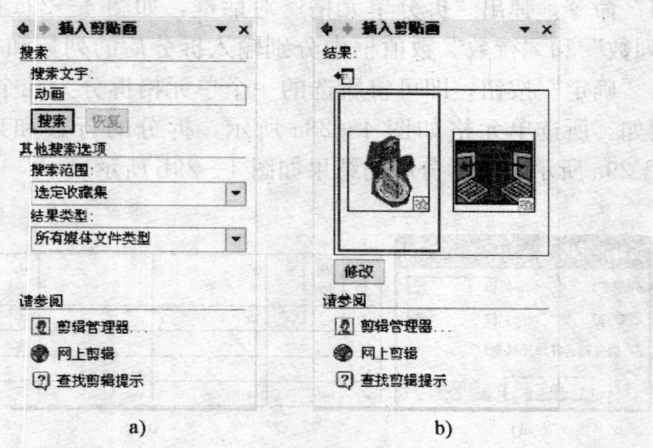

图 4—30　"插入剪贴画"任务窗格和搜索到的剪贴画列表

"剪贴画"类型，在"搜索文字"文本框输入"动画"，然后单击"搜索"按钮，出现搜索"结果"，如图4—30b所示。在剪贴画列表中选择一幅图片并单击，即可将此图片插入到文档中的光标处。

如果要搜索更多的图片，可以单击"请参阅"选项区的"剪辑管理器"超级链接，打开"收藏夹 Microsoft 剪辑管理器"窗口，查找到所需图片，并将其复制到当前文档中。

2. 从文件中插入

如果需要在文档中插入某个图片文件，首先将插入点定位到需要插入图片的地方，然后选择"插入"→"图片"→"来自文件"命令，打开"插入图片"对话框，如图4—31所示。单击"查找范围"下拉按钮定位到图片所在的文件夹，选择所需要的图片，单击"插入"按钮或双击该图片即可。

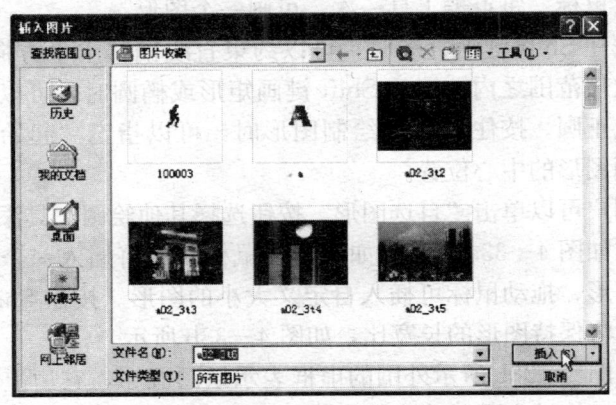

图4—31 "插入图片"对话框

二、绘制图形

使用 Word 提供的"绘图"工具栏，可以直接在文档中绘制图形。选择"视图"→"工具栏"→"绘图"命令，打开"绘图"工具栏，如图4—32所示，使用它所提供的绘图工具进行绘图。

图 4—32 "绘图"工具栏

将鼠标指向某个工具按钮,就会显示该工具的名称和功能。有下拉按钮"▼"的工具,单击下拉按钮,可以选择更多的功能。

在"绘图"工具栏上单击"直线""箭头""矩形""椭圆"或"文本框"时,系统在文档光标处插入一幅绘图画布,用户可以在画布上绘制多个图形。用户在画布上单击选择一个绘图的起始点(或称插入点)绘制图形。对于直线和箭头,起始点就是直线和箭头的起点,对于矩形是指它的一个角,对于椭圆是指包围所画椭圆的矩形的一个角。按下鼠标左键拖动即可画出图形,直至释放鼠标。每点击工具一次,可画一个图形。

按住 Shift 键画直线时,可以约束直线偏移水平方向在 15°的整数倍范围之内。按住 Shift 键画矩形或椭圆时,可以画出正方形或正圆。按住 Ctrl 键绘制图形时,可以指定"起始点"作为所画图形的中心位置。

用户可以单击"自选图形"按钮选择其他绘图工具添加自选图形,如图 4—33a 所示。如果单击鼠标左键将插入一个默认大小的图形,拖动鼠标可插入自定义大小的图形。按住 Shift 键拖动鼠标将保持图形的长宽比,如图 4—33b 所示。

如图 4—33b 所示外围的虚框表示绘图画布,它边上有 8 个控制点,拖动它可以改变画布大小。画布上可以绘制多个图形,移动画布时所有图形一起移动,且不改变相对位置。

也可以不使用绘图画布,直接在文档中绘制图形。操作方法相似,只需将起始点选择在文档中,不要选择在画布中即可。绘制单个图形时,直接在文档中绘制比较方便。

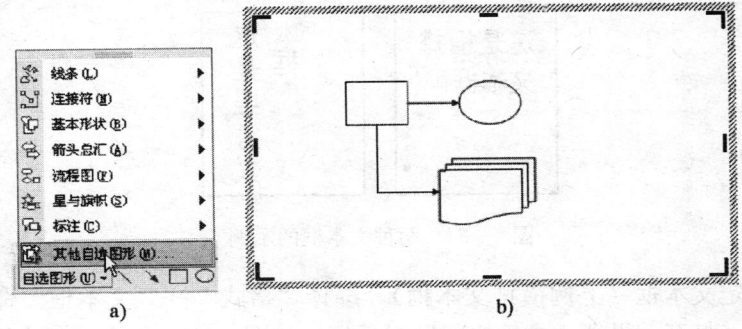

图4—33 "自选图形"选项和绘图示例

§4—8 插入对象

插入对象包括插入图片、文本框、艺术字、公式、图表等，这里只介绍插入文本框和艺术字。

一、文本框

1. 插入文本框

选择"插入"→"文本框"命令，或单击"绘图"工具栏中的"文本框"按钮，在插入点处单击或拖动鼠标，即可插入文本框。文本框有"横排"和"竖排"两种，前者可以输入横排文本，后者可输入竖排文本。文本框创建以后，可以在其中插入文本并进行编辑和排版，设置字符和段落格式，与普通文档的操作完全一样。两种文本框的示例如图4—34所示。

用户可以调整文本框的位置和大小，其方法与移动图片的位置和改变图片的大小方法相同。

2. 文本框的格式设置

在Word中文本框是被作为图形对象来处理的，因此，可以为文本框设置边框与填充颜色、版式、阴影及三维效果等。首先

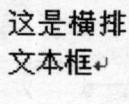 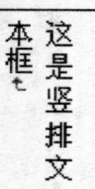

图4—34 两种文本框的示例

选定文本框（上例横排文本框），选择"格式"→"文本框"命令，打开"设置文本框格式"对话框，如图4—35所示。在"颜色与线条"选项卡中，设置填充颜色为黄色，拖动透明度滑块选择一个透明度，选择线条颜色为蓝色，粗细为2磅。

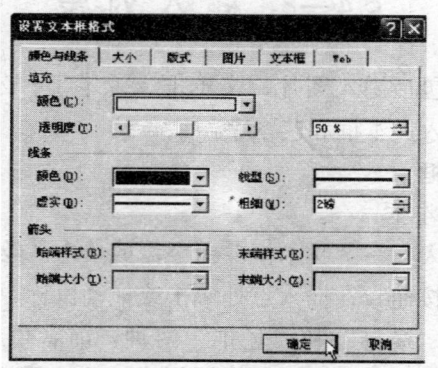

图4—35 "设置文本框格式"对话框"颜色与线条"选项卡

在"设置文本框格式"对话框的"文本框"选项卡中（见图4—36），可以设置"内部边距"，以调整内部文本与文本框边线的距离。再对文本框内的文本进行字符和段落格式的设置。

二、插入艺术字

1. 插入艺术字

Word可以在文档中插入艺术字，起到美化的作用。要为一

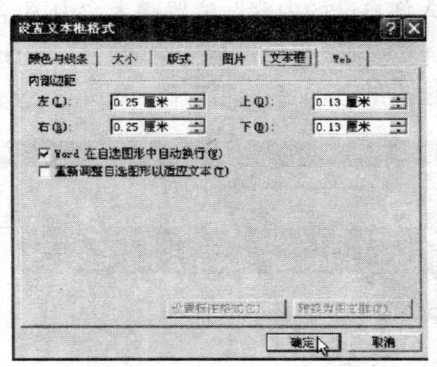

图4—36 "设置文本框格式"对话框
"文本框"选项卡

段文本加一个艺术字标题,首先将插入点移到文档中需要插入艺术字的位置,然后选择"插入"→"图片"→"艺术字"命令,或单击"绘图"工具栏上的"插入艺术字"按钮"４",打开"'艺术字'库"对话框,如图4—37所示。

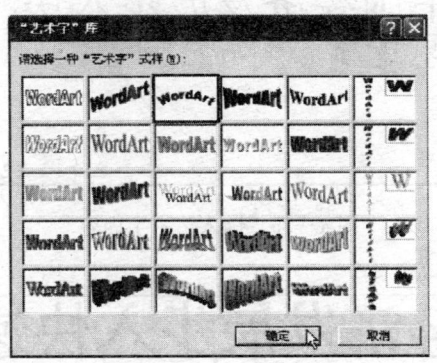

图4—37 "'艺术字'库"对话框

在"'艺术字'库"对话框中选择一种样式,单击"确定"按钮,弹出"编辑'艺术字'文字"对话框,如图4—38所示。

在"请在此键入您自己的内容"位置键入"中国经济发展步入快速道!",如图 4—39 所示。最后单击"确定"按钮,结果在选定位置插入自己输入的艺术字,如图 4—40 所示。

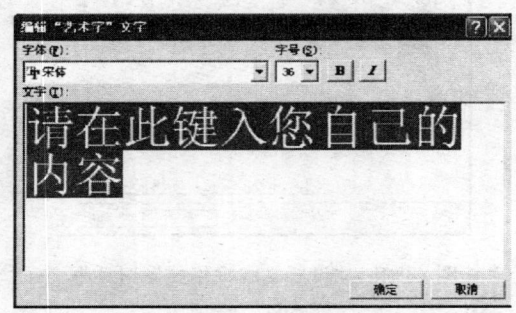

图 4—38 "编辑'艺术字'文字"对话框

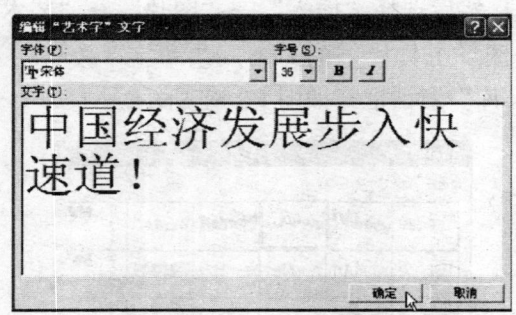

图 4—39 键入艺术字内容

中国经济发展步入快速道!

图 4—40 输入艺术字以后的效果

2. 艺术字的设置

插入艺术字的同时，或者用户选中艺术字时，系统自动打开"艺术字"工具栏，如图4—41所示，使用其中的工具可以对艺术字进行设置。选择"视图"→"工具栏"→"艺术字"命令，也可以打开"艺术字"工具栏。

　　鼠标指向选中的艺术字，待鼠标指针变成十字箭头"✥"时可以拖动艺术字移动。使用缩放控制柄"○"，可以缩放艺术字。使用旋转控制柄"🔑"可以使艺术字旋转。使用形状控制柄"◇"，可以改变艺术字的形状。使用"艺术字"工具栏可以对艺术字进行编辑和设置。

图4—41　"艺术字"工具栏

§4—9　文档的打印和预览

　　文档输入、编辑、排版完毕，就可以打印了。打印之前需要先进行打印预览，通过预览文档的打印效果，可以决定是否正式打印，或者对文档的版面格式进行调整。

　　一、打印预览

　　选择"文件"→"打印预览"命令，或者单击常用工具栏上的"打印预览"按钮"📄"，进入打印预览视图，如图4—42所示。在打印预览视图窗口中，可以显示多页内容，也可以只显示一页内容，由"打印预览"工具栏上的按钮来设定。

　　二、打印

　　1. 使用默认打印机

　　要将文档由打印机打印输出，首先必须安装所用打印机的驱动程序。一台计算机上可以安装多台打印驱动的程序，这时需要

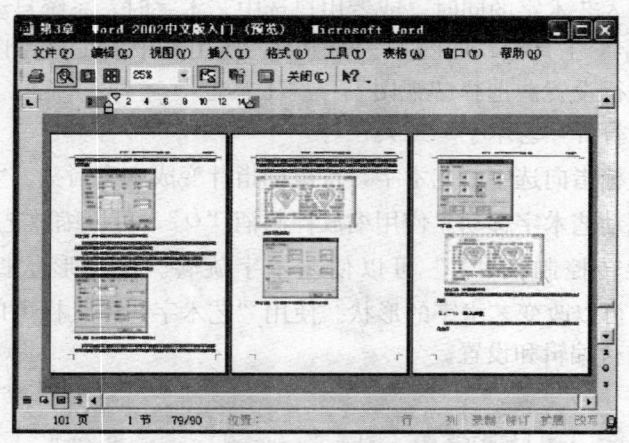

图4—42 "打印预览"视图

选择其中一台打印机为默认打印机。

打印文档最简单的方法是单击常用工具栏上的"打印"按钮"🖨"，此时当前文档将送默认打印机打印输出。这种方法将对当前文档的全部内容进行打印，默认为打印一份。

在通常情况下，Word会以后台方式打印文档，此时任务栏上会出现一个后台打印图标"📄"。在后台打印方式下，用户可以在打印的同时继续处理其他工作。

2. 使用"打印"对话框

选择"文件"→"打印"命令，或按快捷键Ctrl+P，打开"打印"对话框，如图4—43所示。使用"打印"对话框可以进行打印操作的有关设置。

（1）选择打印机。在"打印机"选项区的"名称"列表框中显示的是默认打印机。如果不使用默认打印机，可单击下拉按钮，从下拉列表中选择一种打印机。

（2）打印到文件。在"打印机"选项区，如果选中"打印到文件"复选框，则文档打印效果输出到扩展名为.PRN的文件

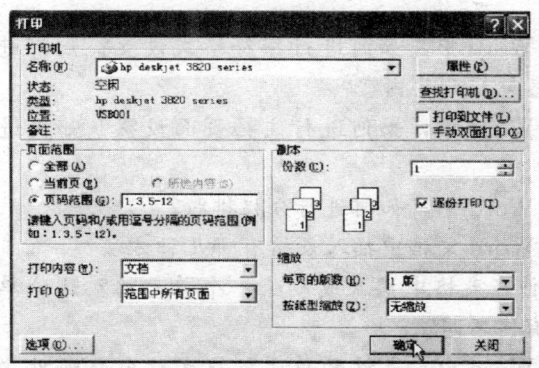

图 4—43 "打印"对话框

中,以便以后在安装有该打印机的计算机上打印。

(3) 选择页面范围。在"页面范围"选项区可以选择"全部",打印全部文档;选择"当前页"只打印当前页;选择"页面范围"单选按钮,可在页面范围文本框中输入所需要打印的页面范围,格式为"1,3,5—12"表示打印第 1 页、第 3 页和第 5~12 页。

(4) 确定打印份数。在"副本"选项区的"份数"数值框中输入需要打印的份数,默认为打印一份。选中"逐份打印"复选框,将进行逐份打印。

(5) 在"打印"下拉列表中选择打印范围中的所有页面、奇数页或偶数页。

(6) 在"缩放"选项区,可以选择对页面缩放后打印。

(7) 如果要设置打印选项,可单击"选项"按钮。

(8) 最后单击"确定"按钮进行打印。

 习题

1. 在 Word 中编辑文档时,包括哪些编辑操作?如何进行

这些操作？

2. 在 Word 中，如何进行字符格式设置？如何进行段落格式设置？各包括哪些内容？

3. 在 Word 中，如何进行文档页面设置？如何进行页眉和页脚设置？

4. 在 Word 中，如何进行分栏排版？

5. 在 Word 文档中插入表格有哪几种方法？

6. 如何在表格中插入或删除一个单元格？删除单元格和清除单元格有何不同？

7. 在 Word 中，表格的单元格格式化包括哪些内容？如何设置单元格内容的对齐方式？

8. 如何使用"表格属性"对话框设置表格属性？

9. 可以在 Word 文档中插入哪些对象？如何插入图片、文本框、艺术字？

10. 如何设置"打印"对话框？

第五章　电子表格软件 Excel 的应用

学习要点

1. 通过学习了解 Excel 2002 基本操作；
2. 掌握 Excel 2002 工作簿、工作表的概念、管理及其操作；
3. 掌握 Excel 2002 公式、函数与应用图表的操作；
4. 了解 Excel 2002 打印操作。

§5—1　Excel 2002 简介

Excel 是功能强大的电子表格软件，适合于制作各种各样的表格，还可以对表格进行多种处理和进行数据分析。它广泛应用于财会、金融、商务、经济和统计等各个领域。这里以 Excel 2002 为版本介绍其应用。

一、Excel 2002 启动和退出

1. Excel 2002 的启动

打开"开始"菜单，选择"所有程序"→"Microsoft Excel"命令，就可启动 Excel 2002，打开 Excel 2002 的窗口，如图 5—1 所示。

单击"开始"菜单常用程序栏的"Microsoft Excel"命令，或双击桌面上的"Microsoft Excel"图标，也可以启动 Excel 2002。

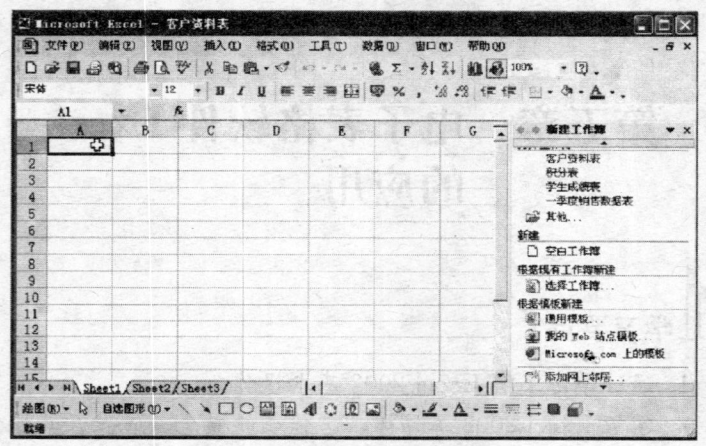

图 5—1　Excel 2002 窗口

2. Excel 2002 的关闭

单击 Excel 2002 窗口右上角的关闭按钮"×"，弹出"是否保存对……的更改？"提示框，如图 5—2 所示。如果用户不想保存，单击"否"按钮，即可关闭 Excel 2002 应用程序窗口。

图 5—2　询问是否保存提示框

选择"控制菜单"中的"关闭"命令，或按 Alt+F4 键，也可以关闭 Excel 2002 窗口。关闭 Excel 2002 应用程序窗口的同时，也关闭了打开的 Excel 2002 文档。

二、Excel 2002 窗口组成

如图 5—1 所示，Excel 2002 窗口由标题栏、菜单栏、工具栏、文档窗口、任务窗格和状态栏组成。Excel 2002 窗口与

Word 2002窗口基本相同,有着统一的风格,下面仅介绍 Excel 2002 特有的元素。

1. 编辑栏

编辑栏位于工具栏下方,用来指明当前编辑单元的名称和编辑的内容。从左到右依次是"名称框"" A1 "、"取消"按钮"✗"、"输入"按钮"✓"、"插入函数"按钮"f_x"和"编辑栏"的编辑文本框。

2. 工作簿编辑区

工作簿编辑区是 Excel 2002 用来编辑 Excel 2002 文档的窗口(即文档窗口)。Excel 文档叫做"工作簿",Excel 启动时自动创建了一个空白工作簿"Book1",同时自动创建了3个"工作表"(Sheet1~Sheet3)。在 Excel 程序窗口可以打开多个文档窗口即多个工作簿窗口,每个工作簿可以建立多个工作表。

工作簿编辑窗口是 Excel 的主要工作区,其中显示的是工作簿的某一页工作表——由虚线网格构成的表格,当鼠标指向编辑区时,鼠标指针变为空心"+"字形状。工作簿编辑区最左边和最上边分别是行号栏和列标栏,分别表示单元格的行号和列标。工作簿的下方是工作表选定器"|◀ ◀ ▶ ▶| \ Sheet1 ∕ Sheet2 ∕ Sheet3 ∕ ",用以显示和选定工作表 Sheet1,Sheet2 等。

三、Excel 2002 的基本概念

1. 工作簿

工作簿由若干页工作表组成,而工作表由许多单元格组成。

Excel 文档的内容存在于工作簿中。启动 Excel 2002 时,系统自动创建了一个空白工作簿 Book1。工作簿的下方是该工作簿所有工作表的标签,用以显示工作表的名称。该空白工作簿自动建立了3个工作表:Sheet1,Sheet2 和 Sheet3。

工作簿窗口标题栏显示的 Book1 就是工作簿的名称,标题栏右边有3个控制按钮,即最小化、最大化/还原和关闭按钮。

工作簿窗口可以在 Excel 程序窗口中移动和缩放,拖动其标题栏可以在主窗口中移动,单击其最大化按钮可使工作簿窗口最大化且与主窗口合一。此时工作表窗口的标题转移到主窗口的标题栏上,添加到主窗口标题"Microsoft Excel"之后,3 个控制按钮移到主窗口菜单栏最右侧,分别改名为窗口最小化、还原窗口和关闭窗口按钮。单击工作簿的最小化按钮可使其最小化为主窗口下边沿的一个按钮,单击工作簿的关闭按钮可以关闭工作簿而不退出 Excel 应用程序。

2. 工作表

工作簿由若干张工作表组成,就像账本由多个账页组成一样。在默认情况下,一个新建工作簿会打开 3 个工作表:Sheet1,Sheet2 和 Sheet3。一个工作簿最多可以建立 255 个工作表。工作簿的下面显示了每张工作表的标签。

3. 单元格

单元格是 Excel 工作表的基本构件,是存放数据的基本单元。一张工作表有 256×65 536 个单元格,单元格的地址由行号和列标唯一确定。例如:左上角的单元格地址为 A1,第二行第三列的单元格地址为 C2 等。

工作表的最左边一列显示行号,最上边一行显示列标(或称列号)。一个工作表由 65 536 行和 256 列组成。行号用数字表示,从 1~65 536;列标用英文字母表示,从 A~Z,再从 AA~AZ,一直到 IV 为止。行号和列标像坐标一样唯一地确定了单元格的位置。

(1) 当前单元格(或活动单元格)。一个工作表尽管有许多单元格,但某一时间只有一个单元格是活动的,称为当前单元格,用户只可在当前活动的单元格中输入和编辑数据。活动单元格在工作表中以粗黑框显示,如图 5—1 所示的 A1 单元格。

(2) 单元格引用。单元格的引用,一般通过指定单元格的地址来实现。单元格引用有相对引用和绝对引用两种。例如：要将两个单元格 A1 和 C2 的值相加，用相对引用，即采用相对地址，应该写成 A1＋C2；用绝对引用，即采用绝对地址，需要写成 ＄A＄1＋＄C＄2。在相对地址的行号和列标前面分别加上西文字符"＄"即为绝对地址。例如：A1 是相对地址，＄A＄1 就是绝对地址。此外，还有行号和列标中，一个用绝对地址，一个用相对地址，例如＄A1 和 A＄1，叫做混合地址。

如果一个工作表要引用另一工作表中的单元格，就需要在单元格地址前面加上工作表名称，例如 Sheet1！A1 和 Sheet2！C2 等。

工作表区域是指一组相邻的矩形区域中的单元格，也可以是某一行或某一列。引用工作表区域时，可用区域左上角单元格的地址和右下角单元格地址来表示，中间加一个冒号"："分隔符，例如 A1：D5，B2：K10。

§5—2 工作簿和工作表的管理

一、工作簿的管理

1. 创建新工作簿

用户可以创建新工作簿，方法是：单击常用工具栏的"新建"按钮"□"，或者选择"文件"→"新建"命令，打开"新建工作簿"任务窗格，在其中单击"空白工作簿"超级链接，即可创建一个新工作簿。新建的工作簿依次取名为 Book2，Book3 等。

2. 当前工作簿

如果在 Excel 窗口打开或创建了多个工作簿，用户在同一时间内只能对其中的一个工作簿进行操作，这个工作簿叫做当前工作簿或活动工作簿。用户打开菜单栏的"窗口"菜单，在列表中单击所需要的文档，可将其激活为当前工作簿。如果该工作簿窗口在主窗口中可见,用鼠标单击该窗口的任意部分也可以将其激活。

3. 保存工作簿

单击常用工具栏的"保存"按钮,或选择"文件"→"保存"命令时,可保存当前工作簿。将新建的工作簿第一次存盘,系统会弹出"另存为"对话框,如图5—3所示。

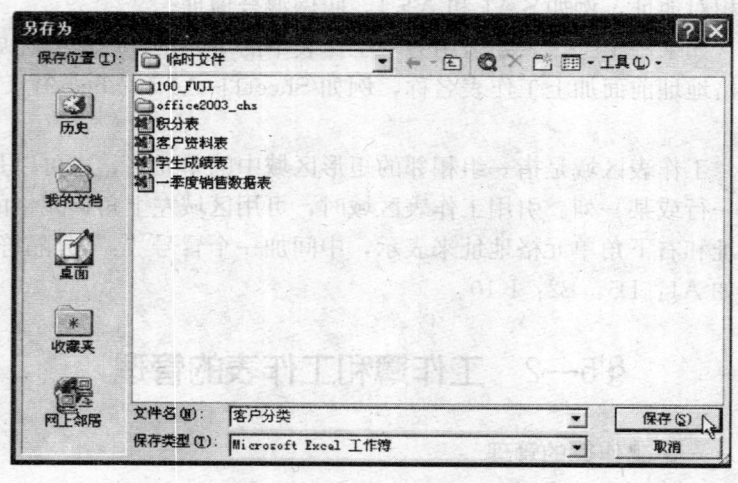

图5—3 第一次存盘时弹出"另存为"对话框

用户为该文件指定一个"保存位置"和"文件名",扩展名选择默认的扩展名.xls,单击"确定"按钮,即可保存当前工作簿。

如果该文档已经存过盘,或者打开的是磁盘上的已有文档,上述操作不会出现"另存为"对话框,而是直接存入磁盘,并覆盖原有文档。如果要将一个已存盘的文档改名存盘,应选择"文件"→"另存为"命令,进行改名存盘。

4. 打开已有工作簿

要打开磁盘上已有的 Excel 文档(即工作簿),可启动 Excel，单击常用工具栏上的"打开"按钮"📂"，使用"打开"对话框定位到所在目录，找到需要打开的文档，单击"打开"命令。

如果没有启动 Excel，也可以打开"我的电脑"，定位到所在目录，双击需要打开的 Excel 文档的图标，即可启动 Excel，打开此文档。

二、工作表的管理

1. 当前工作表

一个工作簿有多个工作表，但是用户在同一时间内只能对一个工作表进行操作，这个正在进行操作的工作表叫做当前工作表，或活动工作表。用户可以单击工作表的标签来选择工作表，使该工作表激活成为当前工作表或活动工作表。当前工作表的标签显示为白色，其他工作表显示为灰色。也可以用快捷键 Ctrl+PageUp 和 Ctrl+PageDown 来切换工作表。

2. 插入新工作表

用户可以在当前工作簿中插入新的工作表，方法是：选择"插入"→"工作表"命令，就会在当前工作表前面插入一个新工作表，新工作表依次命名为 Sheet4，Sheet5 等。

如果用鼠标右键单击当前工作表标签，在弹出的快捷菜单中选择"插入"命令，然后在打开的"插入"对话框中选择"工作表"选项，也可在当前位置插入一张新工作表。

3. 删除工作表

用户可以删除工作表。例如，要删除工作表 Sheet4，可以首先单击标签 Sheet4 使之成为当前工作表，然后选择"编辑"→"删除工作表"命令，或用鼠标右键单击当前工作表标签，从快捷菜单中选择"删除"命令，即可删除当前工作表。

4. 移动和复制工作表

移动工作表即改变工作表的前后次序。例如，将 Sheet1 移到 Sheet3 后面，只需指向 Sheet1 的标签按下鼠标左键拖放到 Sheet3 后面即可。如果按住 Ctrl 键拖放，则将 Sheet1 复制到目标位置，建立一个副本 Sheet1（2）。

如果选择菜单栏的"编辑"→"移动或复制工作表"命令，或者用鼠标右键单击当前工作表标签，从快捷菜单中选择"移动或复制工作表"命令，都可以打开"移动或复制工作表"对话框，如图5—4所示。

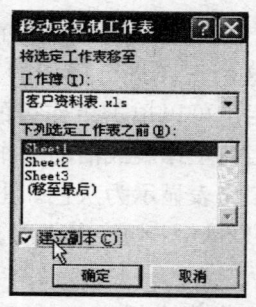

图5—4 "移动或复制工作表"对话框

在该对话框中，从"工作簿"下拉列表中选择目标工作簿，在"下列选定工作表之前"列表中选择目标位置，单击"确定"按钮即可移动工作表；如果选中了"建立副本"复选框，则可复制工作表。

5. 工作表改名

工作表可以改名，例如将表 Sheet1 改名为"工资表"。其方法是：双击该工作表的标签，或用鼠标右键单击该标签，从快捷菜单中选择"重命名"命令，使之进入反白编辑状态，输入新名称"工资表"代替原来的名称即可。也可以直接在工作表的标签上双击，同样进入编辑状态。

§5—3 工作表的基本操作

一、单元格的选定

在新建一个工作簿或打开一个已有的工作簿之后,就可以对其中的工作表输入数据。

输入数据之前,首先要选定单元格,也就是选定当前单元格或者激活活动单元格。工作表中以粗黑框显示的就是当前单元格。

1. 指定一个单元格为活动单元格

(1) 用鼠标选择活动单元格。在工作表中鼠标指针显示为空心十字形状"✥",将鼠标指针移到某个单元格上,单击鼠标左键,即可将该单元格激活为活动单元格。

(2) 用键盘选择活动单元格。使用键盘上的光标移动键,如→,←,↑,↓,Tab,Shift + Tab,PageUp,PageDown,Ctrl+Home(移到表头),Ctrl+End(移到表尾)和 Enter 键等,将光标移到某一个单元格,即将它激活为活动单元格。

2. 选定行和列

用鼠标单击某行的行号(或某列的列标),可以选定该行(或该列);选定后,按住鼠标左键拖动可以选定连续多行(或多列);按住 Ctrl 键,单击其他行号(或列标),可以选定不连续的多行(或多列)。

3. 选定一个矩形区域

用鼠标单击矩形区域左上角的一个单元格,然后按住左键拖动鼠标,直至矩形区域的右下角的单元格,即可选定该矩形区域。或者先单击矩形区域左上角的一个单元格,然后按住 Shift 键,将鼠标移到矩形区域的右下角单元格单击,也可以选定该矩形区域。

4. 选定整个工作表

用鼠标单击工作表左上角行号和列标相交处的"表选定器"按钮,或者选择"编辑"→"全选"命令,即可选定整个工作表。

5. 选中多个工作表

按住 Ctrl 键,单击各个工作表的标签,可以选中多个工作表。双击某个工作表的标签,可放弃对多个工作表的选中。

二、输入数据

1. 向单元格中输入数据

选定一个单元格成为当前单元格,即可用键盘键入数据。在向单元格中输入数据时,输入的内容会同时出现在单元格和编辑栏中,如图 5—5 所示。

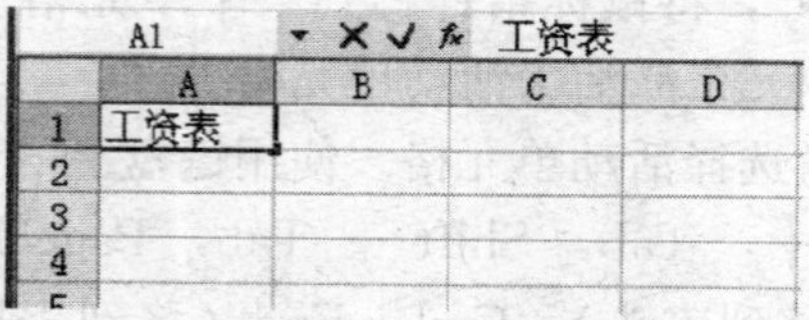

图 5—5 输入数据

从图 5—5 可见,当前单元格是 A1,输入的内容是"工资表",它同时出现在单元格 A1 和编辑栏中。若需要输入的内容太长,用户可不在当前单元格中输入,而直接将插入点置于编辑栏中,在编辑栏中进行输入和编辑,输入的内容也同时出现在当前单元格中。

对于输入的内容,如果要确认输入有效,可以按回车键或单击编辑栏上的"输入"按钮"✓"。如果要放弃刚才的输入,可以按 Esc 键或单击编辑栏的"取消"按钮"✗"。在单元格中输入数据时,按 Tab 键和 4 个方向键将活动单元格移到别的单元格,也同时确认输入有效。

在 Excel 单元格中可以输入两类数据:常量和公式。常量包括文字、数字（数值）、逻辑值、日期和时间等数据类型。用户还可以在工作表中插入声音和图像等各种对象。

2. 输入文字文本

在 Excel 中输入的文字或文本包括汉字、英文字符、数字字符、标点符号和空格等各种能从键盘上输入的字符。一个单元格最多可以容纳 32 000 个半角字符，相当于 16 000 个汉字。输入一般文字时无需特殊处理，直接输入即可。输入文字时，默认为左对齐。

当输入完全由数字组成的文字时，必须先键入一个西文单引号，然后再键入数字。例如将电话号码 66243618 作为文本输入，必须键入：'66243618。这样输入后，Excel 就会将它作为文本处理，否则会作为数值处理。

3. 输入数字数据

在单元格可以直接输入数字。输入的数字可由 0～9 和＋，－，(，)，/，＊，￥（或 $），%，.（小数点），E 或 e（指数符号）等特殊符号组成。输入数字时，默认为右对齐。

在输入数值时，如果输入了其他非数字字符或全角数字，Excel 会作为文本处理。

Excel 规定，一个数字项最多只有 15 位有效数字。如果输入的数值很大或很小，Excel 会将它自动转换为科学记数法显示，且其有效位数为 15 位。

输入分数时，应先键入 0，空一个空格字符（半角）后再键入分数。例如，要输入 $\frac{2}{3}$，必须键入 0 2/3。如果键入 2/3，由于这与 Excel 的日期格式相同，因而会被认为输入的是日期。输入分数时，分子与分母均不得超过 32 767，否则会被认为输入的是文本。输入带分数时，整数与分数之间也要间隔一个空格字符（半角），例如输入 $7\frac{2}{3}$，应该键入 7 2/3。

工作表中数值的显示方式取决于单元格中数据的格式设置。选择"格式"→"单元格"命令，或用鼠标右键单击单元格，从快捷菜单中选择"设置单元格格式"命令，打开"单元格格式"对话框，选择"数字"选项卡，如图5—6所示。

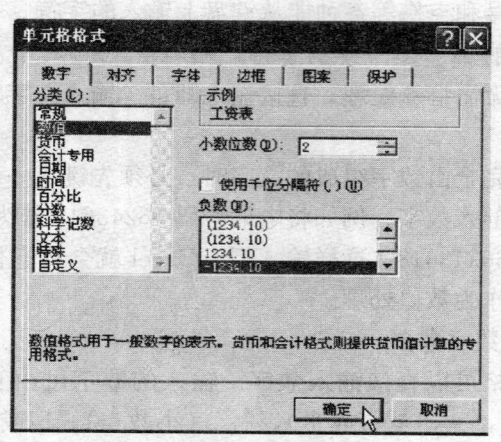

图5—6 "单元格格式"对话框"数字"选项卡

在"数字"选项卡中，可以为各种数值设置显示格式。在"分类"列表框中选中"数值"，在右边的设置区域可以设置"小数位数""是否使用千位分隔符"和"负数"显示格式。选择完毕后单击"确定"按钮。

输入分数的单元格中默认以分数形式显示。如果设置为"数值"显示形式，输入的分数会自动转换为小数形式显示。如果输入的数值是货币，应该在"分类"列表框中选择"货币"或"会计专用"类型进行格式设置。

4. 输入日期和时间

Excel规定日期可以用YYYY/M/D、YYYY-M-D、YYYY年M月D日、M月D日、M/D/YY或M-D-YY等格式输入日期。月份可以用英文简写，大小写均可。如果只输入月和日，不输入年号，默认为当前年。时间可以用 H:MM:SS、H:MM、HH:MM:SS AM 或 PM 等。也可以用 M/D/YY H:MM:SS 将日期和时间一并输入，日期和时间之间应加一个空格字符。

工作表中日期和时间的显示方式取决于单元格中数据的格式设置。Excel 会将用户输入的格式自动转换为所设置的格式显示出来。默认情况下，日期和时间在单元格中靠右对齐。选择"格式"→"单元格"命令，或鼠标右键单击单元格，从快捷菜单中选择"设置单元格格式"命令，打开"单元格格式"对话框，选择"数字"选项卡，在"分类"列表框中选中"日期"，如图 5—7 所示。

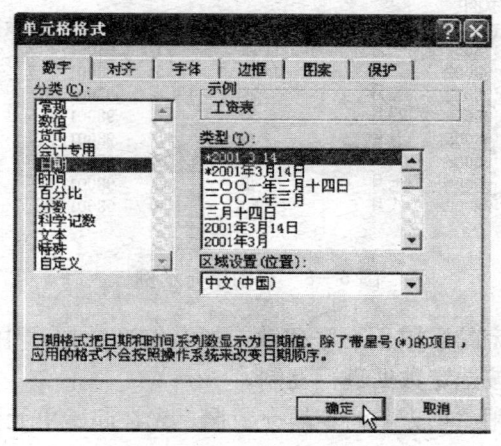

图 5—7 设置日期格式

可以在"类型"列表中选择一种日期显示类型，单击"确定"按钮完成设置。

5. 自动填充数据

在向工作表中输入一些序列数据（如序列数字、日期、月份等）或一批相同数据时，可以使用 Excel 的自动填充数据功能。

（1）拖动填充柄填充数据。选择待填充数据区域的起始单元格,输入初始序列数(如"2000年""'98001""一月",注意职工号98001应作为字符输入)。如果要让序列按指定的步长增长,还要选择第二个单元格,输入第二个序列数,二者之差即为增长的步长。

选定包含初始值的一个或两个单元格,将鼠标指向选定区域右下角的小黑块(填充柄),此时鼠标指针变为十字形"+",按住鼠标左键向填充方向拖动填充柄,直至到达待填充区域的最后一个单元格时,松开鼠标按钮。Excel 将在选定区域内自动填充序列数据,如图 5—8 所示。

	A	B	C	D	E	F	G	H
1	自动填充示例							
2	年份	职工号	月份	等差序列	等比序列	相同数据	相同数据	
3	2000年	98001	一月	15	1	98001	中国	
4	2001年	98002	二月	20	2	98001	中国	
5	2002年	98003	三月	25	4	98001	中国	
6	2003年	98004	四月	30	8	98001	中国	
7	2004年	98005	五月	35	16	98001	中国	
8	2005年	98006	六月	40	32	98001	中国	
9	2006年	98007	七月	45	64	98001	中国	
10	2007年	98008	八月	50	128	98001	中国	
11								

图 5—8 自动填充示例

如果选定的区域不是序列数,如字符型数据"中国",拖动的结果将是按选定数据进行复制。

(2)使用"填充"命令填充数据。先在起始单元格中输入初始序列数,然后选定起始单元格或整个待填充数据的区域,再选择"编辑"→"填充"→"序列"命令,打开"序列"对话框,如图 5—9 所示。

在"序列"对话框中,选择序列产生在"列",类型选择"等比序列",输入步长(即等比序列的公比),如果只选定了初始序列单元格,还要输入终止值。最后单击"确定"按钮,Excel 将自动填入等比序列数据,如图 5—8 所示。

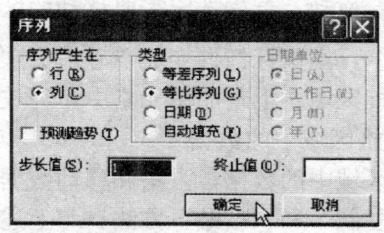

图 5—9 "序列"对话框

三、修改、移动和复制数据

1. 修改

修改单元格的数据和公式,可以在单元格中进行,也可以在编辑栏中进行。双击需要修改的单元格,将插入点置于该单元格中,可以直接对单元格中的数据和公式进行更改。单击需要修改的单元格,将鼠标移到编辑栏上单击,将插入点置于需要更改的位置进行更改,更改的结果也立即反映在相应的单元格中。

编辑修改公式时,在编辑状态下,编辑栏和当前单元格显示的都是公式;按 Enter 键或单击输入按钮"✔"后,编辑栏显示公式,单元格中显示的是公式运算的结果。

2. 移动单元格区域中的数据

移动单元格区域中的数据,可以在同一工作表中进行,也可以在不同的工作表中进行。

(1)使用"剪切"和"粘贴"方法。首先选定需要移动的区域。然后选择"编辑"→"剪切(Ctrl+X)"命令,或单击常用工具栏上的"剪切"按钮,将内容转移到剪贴板上,此时要移动的区域边框变成闪烁虚线。再选定移动数据的目标区域的左上角的单元格(或与源区域形状和大小完全一样的目标区域),选择"编辑"→"粘贴(Ctrl+V)"命令,或单击常用工具栏上的"粘贴"按钮即可。

也可以使用 Office 剪贴板完成数据的移动操作。

(2) 使用鼠标拖动。首先选定需要移动的区域。将鼠标指针移到该区域的边上,当鼠标指针变成空心箭头"➘"时,按下鼠标左键拖动到目标区域左上角的单元格中,释放鼠标即可。

3. 复制单元格区域中的数据

复制单元格区域中的数据,方法和移动数据方法基本相同。

(1) 使用"复制"和"粘贴"方法。与上述使用"剪切"和"粘贴"方法相似,不同之处在于移动操作中使用的是"剪切(Ctrl+X)"命令,而复制操作需要使用"复制(Ctrl+C)"命令。

(2) 使用鼠标拖动。方法与移动操作相似,不同之处在于进行复制操作时,需要按住 Ctrl 键拖动鼠标。

4. 清除工作表中的数据

清除工作表中的数据也叫清除单元格,是指将单元格中的内容(数据和公式)或格式清除,单元格本身仍然还在原处(这与后面要介绍的"删除"单元格不同)。

首先选定需要清除数据的单元格、区域、行或列。然后选择"编辑"→"清除"命令,打开级联菜单。选择"内容"选项(或按 Delete 键)可以清除内容,选择"格式"选项可以清除格式,选择"批注"选项可以清除批注,选择"全部"选项将上述3项全部清除。

四、查找和替换

1. 查找

需要在当前工作表中查找某个信息,可以使用查找命令。选择"编辑"→"查找"命令,打开"查找和替换"对话框"查找"选项卡,如图 5—10 所示。

在"查找内容"文本框中,输入需要查找的内容,单击"查找下一个"或"查找全部"按钮,进行查找。单击"选项"按钮,可以进一步细化查找范围和条件。

2. 替换

图5—10 "查找和替换"对话框"查找"选项卡

需要在当前工作表中将某个内容替换为新内容,可以使用替换命令。选择"编辑"→"替换"命令,打开"查找和替换"对话框"替换"选项卡,如图5—11所示。

在"查找内容"文本框中,输入需要查找的内容;在"替换为"文本框中输入将要替换的新内容,单击"替换"或"全部替换"按钮,进行替换。

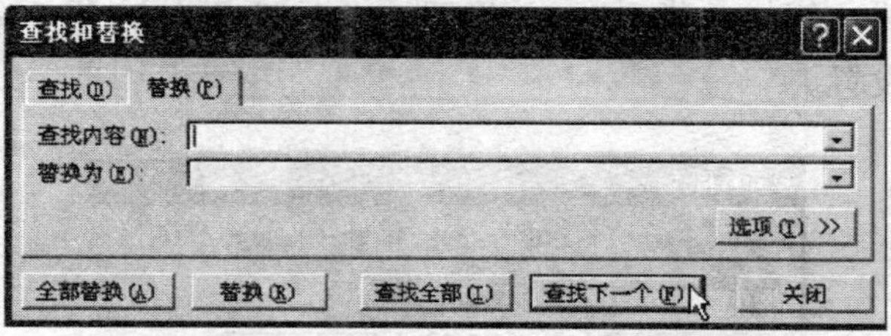

图5—11 "查找和替换"对话框"替换"选项卡

五、撤销和恢复

如果执行了错误的操作,可以用撤销命令来撤销该次操作。选择"编辑"→"撤销"命令,或单击常用工具栏上的"撤销"按钮" ",可以撤销最近的一次操作。单击"撤销"按钮" "旁的下拉按钮,可以撤销此前的多次操作。

被撤销的操作还可以恢复。选择"编辑"→"恢复"命令,或单击常用工具栏上的"恢复"按钮" ",可以恢复最近被

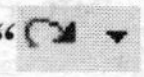

撤销的一次操作,单击"恢复"按钮" "旁的下拉按钮,可以恢复此前多次被撤销的操作。

§5—4 格式化工作表

格式化工作表的内容包括对单元格数据格式化、工作表结构格式化等。

一、单元格数据格式化

设置单元格格式包括单元格数字格式、对齐方式、字体、边框和图案等,可以通过"单元格格式"对话框进行设置。

1. 设置数字格式

首先选定需要设置数字格式的单元格或单元格区域,然后选择"格式"→"单元格"命令,打开"单元格格式"对话框,选择"数字"选项卡,如图5—12所示。在"分类"列表框中选择一种格式,例如"货币",并设置有关的选项,单击"确定"按钮完成设置。

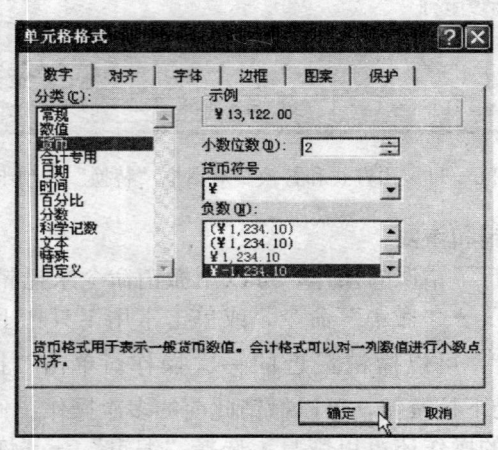

图5—12 "单元格格式"对话框"数字"选项卡

Excel 支持数字、文本、日期和时间 3 种数据类型。从"分类"列表框可见，Excel 提供的数字格式有常规、数值、货币、会计专用、日期、时间、百分比、分数、科学记数、文本、特殊和用户自定义等，用户可以根据需要选择一种格式。

2. 设置对齐方向与显示方向

在 Excel 中，单元格中数据的对齐方式有水平对齐和垂直对齐两种。默认状态下，所有单元格的水平对齐都约定为"常规"格式，即根据输入到单元格中的数据类型确定水平对齐的方式。若输入的是文本，靠左对齐；若输入的是数字，靠右对齐。所有单元格默认的垂直对齐方式为靠下对齐。用户也可以根据需要改变对齐方式。

选定需要设置对齐方式的单元格或单元格区域，然后选择"格式"→"单元格"命令，或者在右击单元格区域的快捷菜单中选择"设置单元格格式"命令，打开"单元格格式"对话框，选择"对齐"选项卡，如图 5—13 所示。

该选项卡有 4 个"选项区"，用户可以根据需要进行设置。

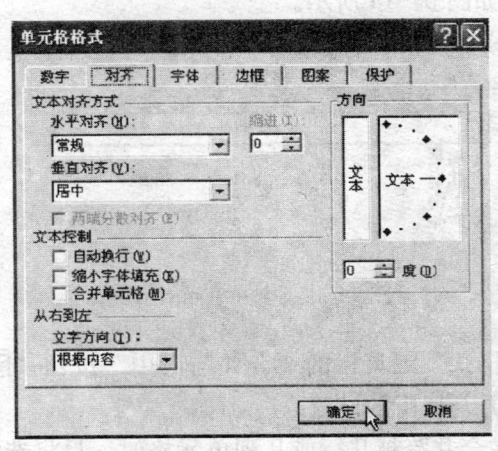

图 5—13 "单元格格式"对话框"对齐"选项卡

在"文本对齐方式"选项区,单击"水平对齐"下拉按钮,从下拉列表中选择一种水平对齐方式,可供选择的对齐方式有常规、靠左、居中、靠右、填充、两端对齐、分散对齐;单击"垂直对齐"下拉按钮,从下拉列表中选择一种垂直对齐方式,可供选择的对齐方式有居中、靠下、两端对齐、分散对齐。

在"方向"选项区,有两个含有"文本"字样的矩形框,用以设置文本显示方向。单击左边的那个矩形框,可将文本显示方向设置为垂直方向。用鼠标拖动右边矩形框中的红点(控制柄),可以调整文本显示的旋转角度,也可以在角度数值框中设置文本显示的角度。

3. 单元格的合并与拆分

利用"单元格格式"对话框"对齐"选项卡还可以合并单元格。首先选定需要合并的单元格区域,然后打开"单元格格式"对话框"对齐"选项卡,如图 5—13 所示。再在"文本对齐方式"选项区设置水平和垂直对齐方向,选中"合并单元格"复选框,单击"确定"按钮完成设置。合并"销售表"的 A1~E1 单元格的示例如图 5—14 所示。

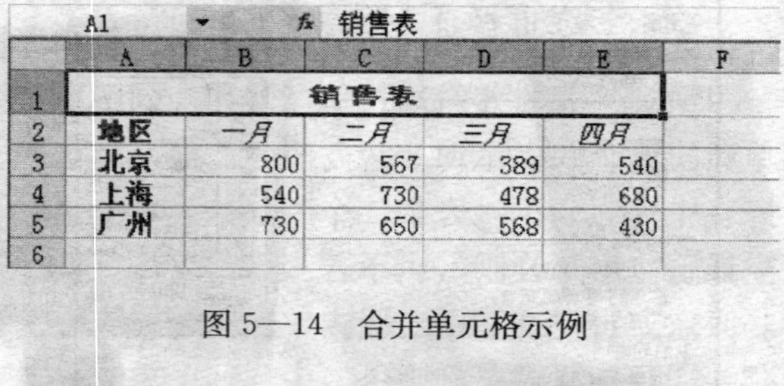

图 5—14 合并单元格示例

单击"格式"工具栏的"合并与居中"按钮"国"可以方便地进行合并与居中的设置。

Excel 在合并跨越几行或几列单元格时,只将选定单元格区域左上角单元格的内容保存到合并后的单元格中。

要拆分已合并的单元格,只需选定需要拆分的单元格,单击"格式"工具栏的"合并与居中"按钮"🔲",或者打开"单元格格式"对话框"对齐"选项卡,单击取消"合并单元格"复选框中的小钩即可。

4. 设置字体

设置字体就是设置文本或数字的字样,包括字体、字形、字号、颜色和特殊效果等。

首先选定需要设置字体的单元格或单元格区域,然后选择"格式"→"单元格"命令,或用鼠标右键单击单元格区域,从快捷菜单中选择"设置单元格格式"命令,打开"单元格格式"对话框,选择"字体"选项卡,如图5—15所示。再根据需要在"字体"选项卡中选择字体、字号、下划线、颜色和特殊效果等。最后单击"确定"按钮完成设置。

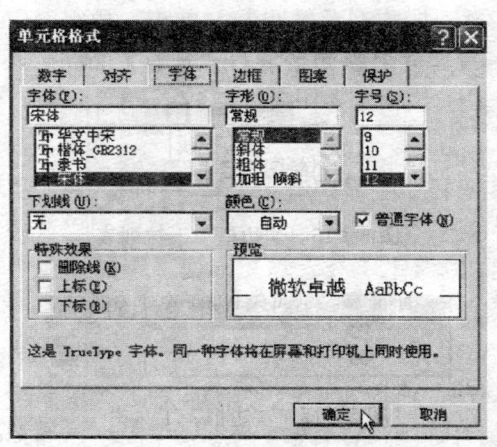

图5—15 "单元格格式"对话框"字体"选项卡

对于部分字样的效果,也可以使用"格式"工具栏的相应按钮进行设置。例如字体、字形、字号、颜色和下划线等,都可以单击相应按钮或右侧的下拉按钮,选择一个合适的选项进行设置。

5. 设置边框与图案

要为单元格和区域设置边框和底纹,可以使用"格式"工具栏的"边框"按钮和"填充颜色"按钮,也可以使用"单元格格式"对话框的"边框"和"图案"选项卡。

(1) 设置边框。选定需要设置边框的单元格或区域,单击"格式"工具栏的"边框"下拉按钮,打开下拉列表,如图5—16所示。根据需要在下拉列表中选择一种边框线类型即可。如果要绘制边框,可以单击下拉列表中的"绘图边框"选项"绘图边框(D)",或选择"视图"→"工具栏"→"边框"命令,打开"边框"工具栏,如图5—17所示。

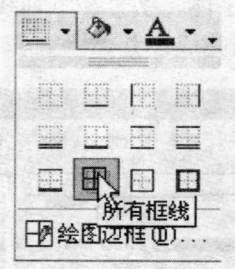

图5—16 "边框"下拉列表

图5—17 "边框"工具栏

在"边框"工具栏中,单击"线条样式"下拉按钮选择线条样式;单击"线条颜色"按钮""选择线条颜色;单击"绘制边框"下拉按钮""选择"绘制边框"或"绘制边框网格"工具绘制边线、斜线或网格;使用"擦除边框"工具""

可以擦除不需要的边框线，非常方便。

也可以使用"单元格格式"对话框的"边框"选项卡设置边框。首先选定需要设置边框的单元格或区域，打开"单元格格式"对话框的"边框"选项卡，如图 5—18 所示。

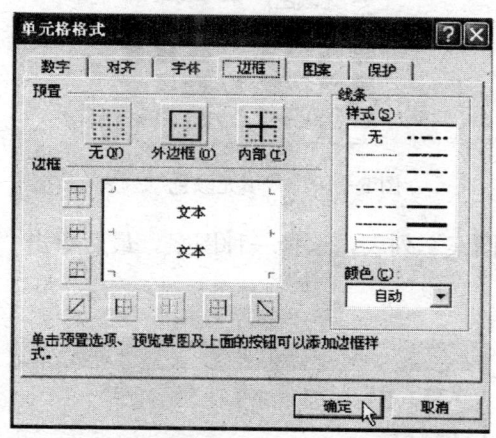

图 5—18 "单元格格式"对话框"边框"选项卡

在该选项卡中选择好线条样式和颜色，单击左边"预置"和"边框"选项区中的相应按钮，即可完成设置。如果要取消设置，单击"无"按钮即可。

（2）设置底纹。选定需要设置底纹的单元格或区域，单击"格式"工具栏的"填充颜色"下拉按钮""，打开下拉列表，如图 5—19 所示。根据需要在下拉列表中选择一种颜色类型即可。如果要取消某个单元格或区域的底纹，单击"无填充颜色"选项即可。

也可以使用"单元格格式"对话框的"图案"选项卡设置底纹和图案。首先选定需要设置底纹和图案的单元格或区域，打开"单元格格式"对话框的"图案"选项卡，如图 5—20 所示。根据需要在"颜色"选项区选择一种颜色；再单击"图案"下拉按

图 5—19 "填充颜色"列表

钮,打开"图案"列表,选择一种图案,最后单击"确定"按钮完成设置。

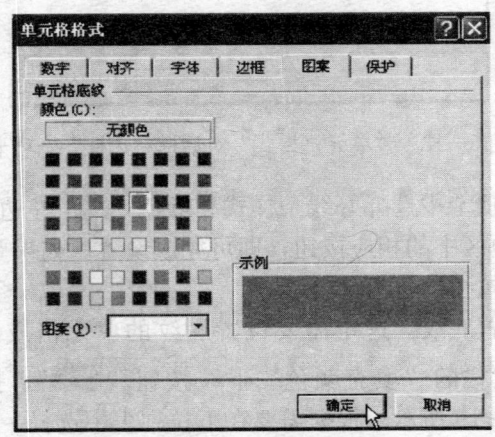

图 5—20 "单元格格式"对话框"图案"选项卡

二、工作表结构格式化

工作表结构格式化主要包括调整行高和列宽,隐藏行和列,以及套用格式等内容。

1. 设置行高与列宽

调整行高和列宽，可以采用鼠标拖动和使用菜单命令两种方法。

(1) 使用鼠标拖动。将鼠标移到需要调整行高的行号下侧格线（或移到需要调整列宽的列标右侧格线）上，当鼠标指针变成双向箭头形状时，按住鼠标左键拖动鼠标调整行高（或列宽）到满意位置，松开鼠标即可。

(2) 使用菜单命令。使用菜单命令可以精确地调整行高和列宽。首先选定需要调整的行（或列），然后选择"格式"→"行"→"行高"（或选择"格式"→"列"→"列宽"）命令，打开"行高"（或"列宽"）对话框，在"行高"（或"列宽"）文本框中输入指定的"行高"（或"列宽"）的磅值，单击"确定"按钮即可。

2. 行或列的隐藏

将工作表的有关行或列隐藏起来，可以保护工作表的数据不给别人看到，也可以使工作表看起来更加简洁。方法如下：

选定需要隐藏的一行或多行（或一列或多列），选择"格式"→"行"→"隐藏"（或"格式"→"列"→"隐藏"）命令，即可将所选的行（或列）隐藏起来。

要取消隐藏，可以选择"格式"→"行"→"取消隐藏"（或选择"格式"→"列"→"取消隐藏"）命令，即可取消隐藏，恢复显示。

§5—5 公式和函数

公式和函数是 Excel 工作表最重要的功能。在工作表中应用了公式和函数，才能真正发挥电子表格的强大功能。在单元格中输入了正确的公式和函数后，如果改变了工作表内与公式和函数有关的数据，Excel 会自动更新计算结果。

一、公式的输入和编辑

在 Excel 的单元格中可以输入公式，Excel 按照公式的要求计算数据。公式是电子表格非常重要的功能。使用 Excel 的公式，用户可以从进行简单的加、减、乘、除计算，到复杂的财务统计和分析运算。

公式的输入和编辑，可以在当前单元格中进行，也可以在编辑栏中进行。选中一个单元格后，将插入点置于该单元格或编辑栏中，即可在单元格或编辑栏中输入和编辑公式。

假设在 A2～A9 和 B2～B9 区域中分别输入 1～8 和 10～80 两个数据序列。如果在 C2 单元格中输入计算公式"＝A2＋B2"，操作步骤如下：

首先选定单元格 C2，将插入点置于 C2 单元格或编辑栏中，然后键入公式"＝A2＋B2"，按 Enter 键或单击"输入"按钮"✓"，完成输入。这时，在编辑栏中显示所输入的公式，在单元格中显示此公式运算结果。如果要对输入的公式进行编辑修改，可以再次选中该单元格，将插入点置于需要修改的位置进行更改即可。

可以用键盘键入的方法创建公式，但是用鼠标和键盘结合的方法创建公式有时更方便。仍然以上面的例子说明其操作方法。

在 C2 单元格创建公式"＝A2＋B2"的方法：单击选中 C2 单元格，键入"＝"，再用鼠标单击 A2 单元格，此时 C2 单元格中变为"＝A2"；键入"＋"，再单击 B2 单元格，此时 C2 单元格中出现"＝A2＋B2"，单击输入按钮"✓"或按 Enter 键，公式创建完毕，C2 中出现运算结果。

二、函数的使用

1. Excel 函数

Excel 的函数可以看成是 Excel 内部预定义的公式。Excel 内置了常用函数、数学和三角函数、统计函数、财务函数、日期和时间函数、查找和引用函数、数据库函数、文本函数、逻辑函数及信息函数 10 大类共 250 多个函数，用户可以直接使用。

（1）函数的格式。函数的一般格式如下：

〈函数名〉(〈参数1〉,〈参数2〉,……)

在 Excel 中使用函数时，函数总是出现在公式中，作为公式的一部分。函数应当以等号"="开头，否则 Excel 会将其作为文本处理。

（2）如何输入函数。如果对所使用的函数很熟悉，能清楚地记住函数的名字及其参数的意义，可以在单元格或编辑栏中直接用键盘键入该函数。在键入函数的时候，Excel 会及时给予智能提示。例如，在输入求和函数时，键入"=SUM("之后，就会自动弹出智能提示，如图 5—21 所示。它提示用户输入参数。随着输入的进展，工作表也会发生相应的变化。

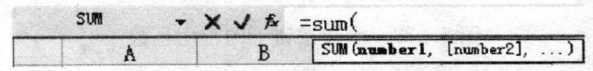

图 5—21 输入函数时的智能提示

如果对函数不太熟悉，也可以使用 Excel 提供的命令和工具帮助选择和输入函数。

1）常用工具栏的"求和"按钮"Σ ▼"。单击"求和"下拉按钮，打开常用函数下拉列表，如图 5—22 所示，可以从中选

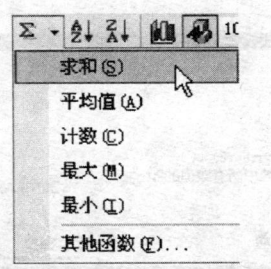

图 5—22 求和按钮下的常用函数

择一个常用函数。

2)"编辑栏"左端的"函数"按钮"　SUM　▼"。单击"函数"下拉按钮,打开常用函数下拉列表,如图 5—23 所示,可以从中选择一个常用函数。

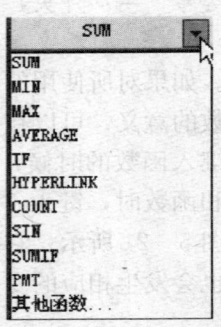

图 5—23　函数按钮下的常用函数

3)"编辑栏"的"输入函数"按钮"f_x"。单击"输入函数"按钮,将打开"插入函数"对话框,如图 5—24 所示。

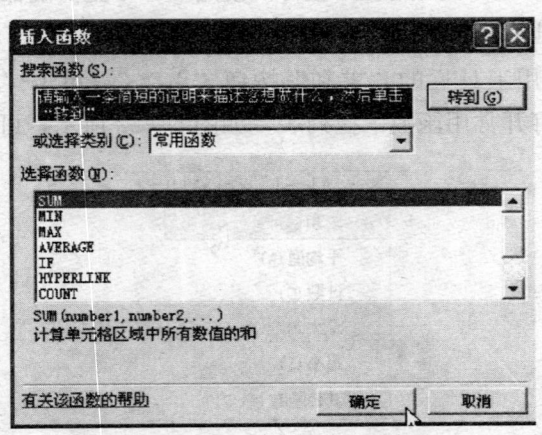

图 5—24　"插入函数"对话框

4)"插入"菜单的"插入函数"命令。选择"插入函数"命令,也将打开"插入函数"对话框。

在"插入函数"对话框的"或选择类别"下拉列表框选择一个函数类别,在"选择函数"列表中选择所需要的函数,在列表框下面将出现该函数的格式、参数列表和使用说明。如果要了解更详细的说明,可以单击"有关该函数的帮助"。选定一个函数后,单击"确定"按钮,打开该函数的"函数参数"对话框,输入有关参数,如图5—25所示。

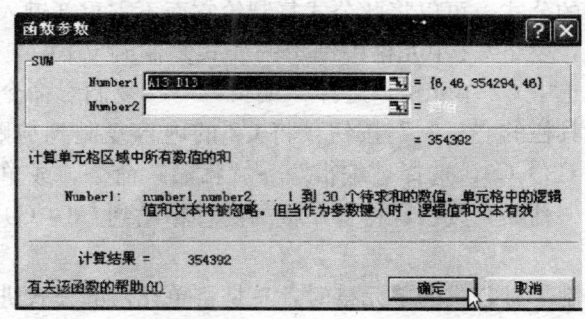

图5—25 "函数参数"对话框

2. 函数的使用举例

在E2中创建公式"=SUM(A2:B3)"的方法:单击选中E2单元格,键入"=",再用鼠标单击插入函数按钮"*fx*",打开"插入函数"对话框。

在"插入函数"对话框中在"选择类别"下拉列表中选择"常用函数",在"选择函数"列表中选择求和函数"SUM",单击"确定"按钮弹出"函数参数"对话框。

用鼠标拖动选中单元格区域A2:B3,此时"函数参数"对话框中Number1文本框中出现区域"A2:B3",编辑栏和E2单元格均出现公式"=SUM(A2:B3)"。单击"确定"按钮关闭对话框。此时E2中出现运算结果,公式创建完毕。

在输入和编辑数据或公式时,可以在选中的单元格中进行,也可以在编辑栏中进行。选中需要输入和编辑的单元格后,将插入点置于编辑栏中,在编辑栏中输入和编辑数据或公式比较方便。而且,当插入点置于编辑栏中准备输入和编辑公式时,编辑栏左边的原"名称框"位置激活"函数"按钮" SUM ▼ ",为输入常用函数提供方便。

三、复制和移动公式

在 Excel 中编辑好了一个公式之后,如果其他单元格中需要与此相同的公式,可以将此公式复制给它而不需重新键入。

例如,要将 C2 单元格中编辑的公式复制到 C3:C9 各单元格,首先选中 C2 单元格,选择"编辑"→"复制"命令,或单击常用工具栏的"复制"按钮,将 C2 的内容复制到剪贴板上。然后选中 C3:C9,选择"编辑"→"粘贴"命令,或单击常用工具栏的"粘贴"按钮,将剪贴板的内容粘贴到 C3:C9 各单元格中。

在复制带有公式的单元格时,总是将单元格的公式进行复制和粘贴,而不是复制和粘贴运算结果。又因为 C2 单元格的公式"=A2+B2"采用相对引用,复制到 C3 单元格的公式变成了"=A3+B3",C3 单元格显示的运算结果为 A3+B3 的值。

单元格的引用,可以采用相对引用、绝对引用和混合引用。现在用一个实例来说明相对引用和绝对引用的区别。

在如图 5—26 所示的数据表格 C2 单元格中输入相对引用公式"=A2+B2",运算结果是 11;选中 C2,用拖动填充柄的方法将 C2 单元格中的公式复制到 C3~C9 中,Excel 自动将 C3~C9 中的公式调整为"=A3+B3"~"=A9+B9",运算结果为 11~88。

如果在 D2 单元格中输入绝对引用公式"=$A$2+$B$2",运算结果是 11;选中 D2,用拖动填充柄的方法将 D2 单元格中的公式复制到 D3~D9 中,Excel 没有调整地址,B3 中的公式仍然为"=＄A＄2＋＄B＄2",运算结果仍然为11。两种引用示例如图5—26所示。

区域引用也有相对引用和绝对引用之分。在单元格E3输入公式"=SUM(A2：B3)",表示将A2：B3矩形区域中4个单元格的和存入E2单元格,然后用拖动填充柄的方法将此公式复制到E3到E8各单元格中。同样,在单元格F3输入公式"=SUM(＄A＄2：＄B＄3)",表示将＄A＄2：＄B＄3矩形区域中4个单元格的和存入E2单元格,然后用拖动填充柄的方法将此公式复制到F3到F8各单元格中。执行结果如图5—26所示。

	A	B	C	D	E	F	G
1	第一列	第二列	相对引用	绝对引用	相对区域引用	绝对区域引用	
2	1	10	11	11	33	33	
3	2	20	22	11	55	33	
4	3	30	33	11	77	33	
5	4	40	44	11	99	33	
6	5	50	55	11	121	33	
7	6	60	66	11	143	33	
8	7	70	77	11	165	33	
9	8	80	88	11			
10							

图5—26 相对引用和绝对引用

四、删除公式

删除公式有两种情况,一是将公式和运算结果一起删除,二是只删除公式而保留运算结果。

1. 公式和运算结果一起删除

方法是选定需要删除的单元格或区域,选择"编辑"→"清除"命令的"全部"或"内容"选项,或按Delete键即可。

2. 只删除公式而保留运算结果

选定需要删除公式的单元格或区域,先用复制命令将其复制到剪贴板上,然后再选择"编辑"→"选择性粘贴"命令,打开"选择性粘贴"对话框,如图5—27所示。在该对话框中选择

"数值"单选按钮,再单击"确定"按钮。

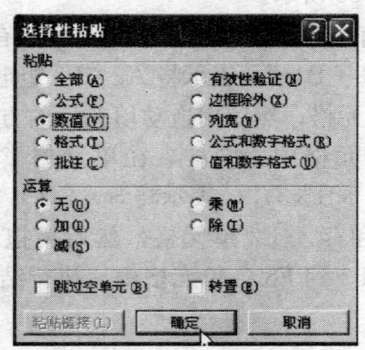

图 5—27 "选择性粘贴"对话框

§5—6 数据管理与分析

在 Excel 中,可以将数据清单作为数据库使用,对数据进行排序、筛选、汇总和分析等操作。

一、数据清单

数据清单是指工作表中包含相关数据的二维表格,每一列的数据类型必须相同。数据清单可以像数据库一样使用,其中行表示记录,列表示字段。如图 5—28 所示为一个数据清单的例子。

一个数据清单必须是一个二维表,不允许表中有表。数据清单最好单独占一个工作表,若不可,则必须用空行或空列与其他信息分开。在一个数据清单内部,不能有空行或空列。其他信息不可放在数据清单的区域中,否则筛选数据时可能会隐藏这些信息。

数据清单的第一行称为标题行,标题行的每一个单元格的内容为各个字段的字段名。字段名必须唯一,不能有相同的字段名。标题行的字体、格式、图案等应与其他行有所区别。标题行

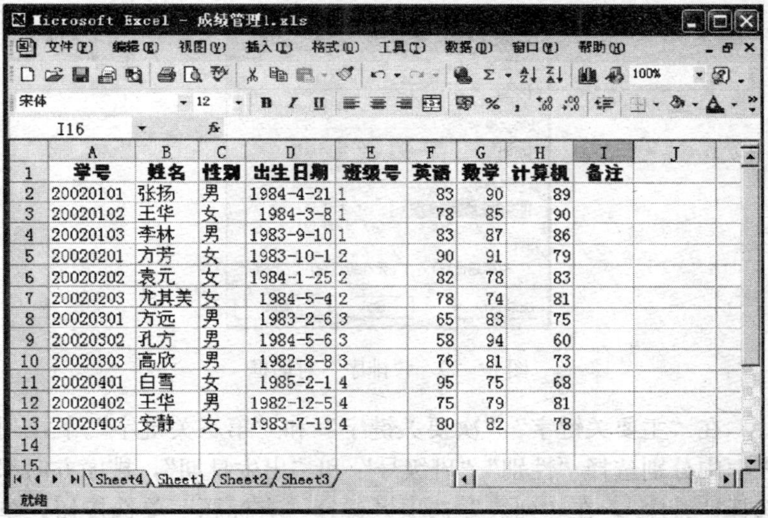

图5—28 数据清单示例

最好作为一个窗格冻结起来，以免在滚动清单时被滚动。

在数据清单中，同一列各个单元格的数据类型应该相同或相近。在单元格的开始处不要有多余的空格，否则会影响排序和查找。

二、数据排序

排序包括按列排序和按行排序。这里仅介绍按列排序。按列排序是指根据指定的列排列清单中各行的次序。如果要求根据一列对数据清单进行排序，只需选定该列，单击常用工具栏上的"升序"或"降序"按钮即可。

如果要求根据多列对数据清单进行排序，需要执行"数据"菜单的"排序"命令。例如要对"学生成绩表"根据"性别、班级号和出生日期"三个字段进行排序，操作方法如下：

首先选定数据清单中的任一单元格，然后选择"数据"→"排序"命令，打开"排序"对话框，如图5—29所示。

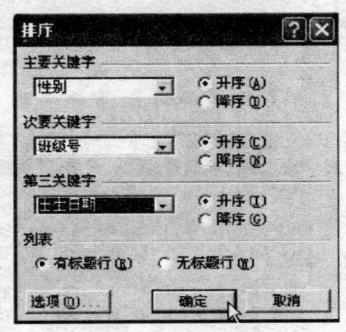

图 5—29 "排序"对话框

在"主要关键字""次要关键字"和"第三关键字"下拉列表框中分别选择"性别""班级号"和"出生日期",排序方向都选择"升序",在"列表"选项区选择"有标题"单选按钮,单击"确定"按钮,排序结果如图 5—30 所示。本例题的排序规则是:先按性别排序,性别相同者按班级号排序,班级号相同者按出生日期排序。

	A	B	C	D	E	F	G	H	I
1	学号	姓名	性别	出生日期	班级号	英语	数学	计算机	备注
2	20020103	李林	男	1983-9-10	1	83	87	86	
3	20020101	张扬	男	1984-4-21	1	83	90	89	
4	20020303	高欣	男	1982-8-8	3	76	81	73	
5	20020301	方远	男	1983-2-6	3	65	83	75	
6	20020302	孔方	男	1984-5-6	3	58	94	60	
7	20020402	王华	男	1982-12-5	4	75	79	81	
8	20020102	王华	女	1984-3-8	1	78	85	90	
9	20020201	方芳	女	1983-10-1	2	90	91	79	
10	20020202	袁元	女	1984-1-25	2	82	78	83	
11	20020203	尤其美	女	1984-5-4	2	78	74	81	
12	20020403	安静	女	1983-7-19	4	80	82	78	
13	20020401	白雪	女	1985-2-1	4	95	75	68	
14									

图 5—30 根据 3 个字段排序结果

三、数据筛选

数据筛选是指从数据清单中选取满足条件的数据,将所有不满足条件的数据行都隐藏起来。Excel 提供了"自动筛选"和"高级筛选"两种筛选方法,前者用于简单条件的筛选,后者用于复杂条件的筛选。这里仅介绍自动筛选,用"自动筛选"可以实现简单条件的筛选,操作步骤如下:

首先选中数据清单中的任一单元格,然后选择"数据"→"筛选"→"自动筛选"命令。Excel 在当前数据清单的每一个字段旁边都显示出一个筛选下拉按钮。

单击任一筛选下拉按钮,都会出现一个下拉列表框,如图 5—31 所示,列出该字段的全部值以及"全部""前 10 个"和"自定义"等选项。单击下拉列表中的某一个值,Excel 将按此值进行筛选,将该字段不等于此值的其他数据行隐藏起来。

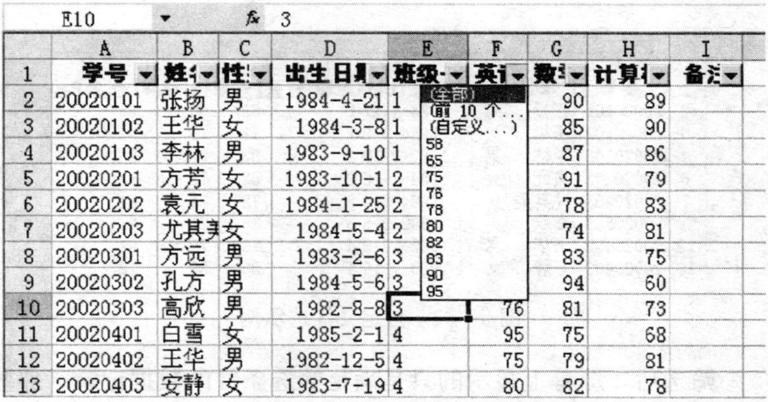

图 5—31 自动筛选示例

如果不是简单地按照相等关系进行筛选,而是按照某个不等关系进行筛选,或者按照某一范围进行筛选,例如按照英语成绩大于等于 70 且小于 90 进行筛选。此时需要单击"自定义"选项，打开"自定义自动筛选方式"对话框，输入筛选条件进行筛选，如图 5—32 所示。

因为两个条件需同时满足，所以选中"与"单选按钮。单击"确定"按钮，筛选结果如图 5—33 所示。结果显示了 8 条记录，隐藏了 4 条不符合条件的记录。

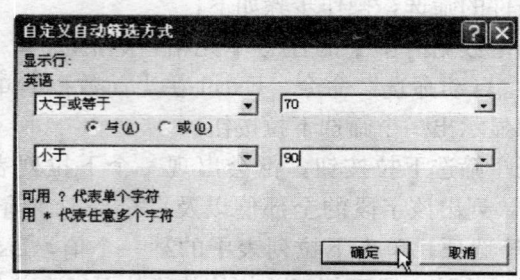

图 5—32　"自定义自动筛选方式"对话框

	A	B	C	D	E	F	G	H	I
1	学号	姓名	性别	出生日期	班级	英语	数学	计算机	备注
2	20020101	张扬	男	1984-4-21	1	83	90	89	
3	20020102	王华	女	1984-3-8	1	78	85	90	
4	20020103	李林	男	1983-9-10	1	83	87	86	
6	20020202	袁元	男	1984-1-25	2	82	78	83	
7	20020203	尤其美	女	1984-5-4	2	78	74	81	
10	20020303	高欣	男	1982-8-8	3	76	81	73	
12	20020402	王华	男	1982-12-5	4	75	79	81	
13	20020403	安静	女	1983-7-19	4	80	82	78	

图 5—33　自定义筛选示例

筛选后，屏幕上显示的只是满足筛选条件的数据记录。那些不满足筛选条件的记录只是被隐藏起来了，并没有从数据清单中清除出去。如果要恢复显示全部记录，选择"数据"→"筛选"→"全部显示"命令，重新显示全部记录，但不退出自动筛选状态。如果再次选择"数据"→"筛选"→"自动筛选"命令，去除其左边的"✓"标记，将退出自动筛选状态，显示全部记录。

四、数据分类汇总

在处理数据的时候,如果要收集同类记录的概要信息,例如在"学生成绩表"中,要了解所有男生和女生的各科平均成绩,就要用到数据分类汇总功能。这里仅介绍简单分类汇总。

下面以"学生成绩表"对性别进行分类汇总,显示男女学生各科平均成绩为例,说明简单分类汇总的操作方法。

首先选定分类汇总字段(这里选定"性别"),将数据清单按分类汇总字段"性别"排序。然后选中数据清单中任一单元格,选择"数据"→"分类汇总"命令,打开"分类汇总"对话框,如图5—34所示。

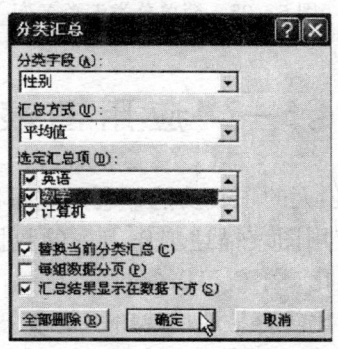

图5—34 "分类汇总"对话框

在"分类汇总"对话框的"分类字段"列表框中选择"性别",在"汇总方式"列表框中选择"平均值",在"选定汇总项"列表框中选定"英语""数学""计算机"3个复选框,清除其余复选框。最后单击"确定"按钮,进行分类汇总,即结果如图5—35所示。

	A	B	C	D	E	F	G	H	I
1	学号	姓名	性别	出生日期	班级号	英语	数学	计算机	备注
2	20020101	张扬	男	1984-4-21	1	83	90	89	
3	20020103	李林	男	1983-9-10	1	83	87	86	
4	20020301	方远	男	1983-2-6	3	65	83	75	
5	20020302	孔方	男	1984-5-6	3	58	94	60	
6	20020303	高欣	男	1982-8-8	3	76	81	73	
7	20020402	王华	男	1982-12-5	4	75	79	81	
8			男 平均值			73.3	85.7	77.333	
9	20020102	王华	女	1984-3-8	1	78	85	90	
10	20020201	方芳	女	1983-10-1	2	90	91	79	
11	20020202	袁元	女	1984-1-25	2	82	78	83	
12	20020203	尤其美	女	1984-5-4	2	78	74	81	
13	20020401	白雪	女	1985-2-1	4	95	75	68	
14	20020403	安静	女	1983-7-19	4	80	82	78	
15			女 平均值			83.8	80.8	79.833	
16			总计平均值			78.6	83.3	78.583	
17									

图5—35 简单分类汇总示例

§5—7 应 用 图 表

Excel提供了强大的图表功能，利用它可以根据工作表中的数据创建图表，使用图表描述工作表中的数据以及数据间的关系。将工作表图形化，不仅可以使数据显得清晰、直观，容易让人接受，而且可以比较容易地反映出一些难于用数字表达的变化趋势等情况。

一、创建图表

利用工作表中的数据创建图表有两种方法，一是利用常用工具栏的"图表"按钮"📊"，二是利用"插入"菜单的"图表"命令。下面以如图5—36所示的销售表为例，介绍创建图表的操作步骤。

1. 图表的创建步骤

首先选中用于绘制图表的工作表的任一单元格，然后单击常用工具栏的"图表"按钮"📊"，或选择"插入"菜单的"图

	A	B	C	D	E
1		销售表			
2	地区	一月	二月	三月	四月
3	北京	700	480	400	330
4	上海	500	750	630	450
5	广州	600	550	820	390

图 5—36 销售表

表"命令，打开"图表向导-4 步骤之 1-图表类型"对话框，如图 5—37 所示。

图 5—37 选择图表类型

在"图表类型"列表框中选择"柱形图"，在"子图表类型"中选择"三维簇状柱形图"，单击"下一步"按钮，进入"图表向导-4 步骤之 2-图表源数据"对话框，如图 5—38 所示。

在该图中"数据区域"文本框中指定数据源区域，在"系列产生在"选项区选择"行"单选按钮。单击"下一步"按钮，进入"图表向导-4 步骤之 3-图表选项"对话框，如图 5—39 所示。

该对话框提示输入"图表标题""分类（X）轴"和"数值

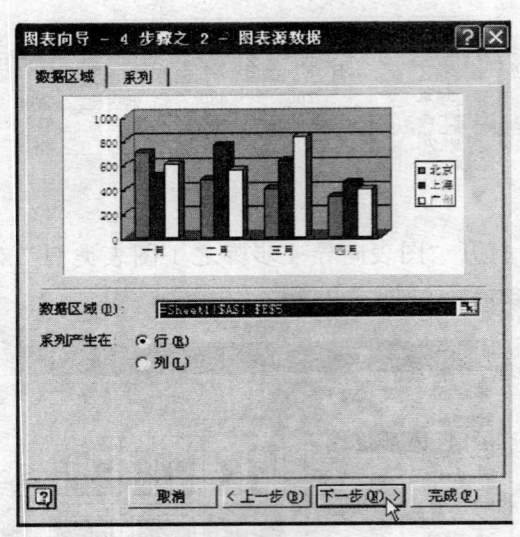

图 5—38 选择图表数据源

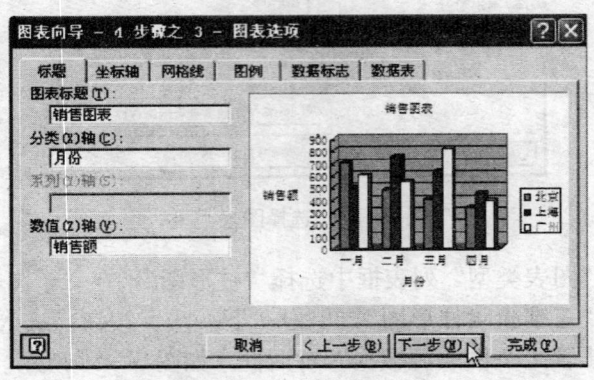

图 5—39 设置图表选项

(Z) 轴"名称,本例分别输入"销售图表""月份"和"销售额"。其他选项卡采用默认设置。单击"下一步"按钮,进入

"图表向导-4 步骤之 4-图表位置"对话框,如图 5—40 所示。

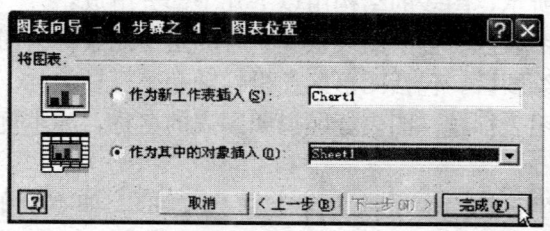

图 5—40 指定图表位置

在此对话框中指定图表位置,这里选择"作为其中的对象插入"。最后单击"完成"按钮,Excel 按照要求创建图表,如图 5—41 所示。

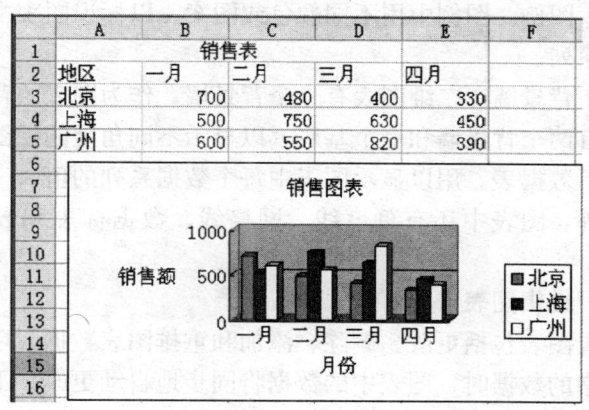

图 5—41 根据销售表数据创建的图表

上述 4 个对话框中都设置有"完成"和"上一步"按钮。如果在某一步单击"完成"按钮,Excel 将以下几步按默认设置,直接绘制图表。如果按"上一步"按钮可以返回上一步重新设置或修改不当之处。

2. 图表的结构

用户用鼠标指向图表某个区域,就会显示该区域的名称。如图 5—41 所示,图表的结构由以下几个部分组成:

(1) 图表区。整个图表及其包含的全部元素称为图表区。

(2) 绘图区。包括图形区、坐标轴和坐标轴名称。

(3) 图表标题。图表标题说明图表的名称,如本例的"销售图表"。

(4) 坐标轴。水平轴为分类轴(X 轴),如本例的月份轴;垂直轴为数值轴(Z 轴),如本例的销售额轴。三维图表中还会增加一个系列轴(Y 轴)。坐标轴还可以有坐标轴标题。

(5) 数据系列。又称分类,是图表上一组相关数据点,取自工作表的一行或一列。图表中每个不同的数据系列以不同的颜色或图案相区别。

(6) 图例。图例中用不同颜色或图案,以标识图表中的不同的数据系列。

(7) 背景墙。二维图表有一个背景墙,作为图表的背景。三维图表有两个背景墙和一个基底,以显示不同角度的视图。

(8) 数据表。用以显示图表中每个数据系列的值。

此外,图表中还有刻度线、网格线、数据标志和数据标记等。

二、编辑图表

编辑图表包括更改、删除、添加和重排图表数据。用户更改工作表中的数据时,图表中的数据将同步地自动更改。下面只介绍删除、添加和重排图表数据的方法。

1. 删除图表数据

如果要删除图表中"广州"数据系列,而不影响工作表中的数据,可以单击"广州"数据系列中的任意一个柱形,选中广州数据系列。然后按 Delete 键,或选择"编辑"→"清除"→"系列"命令,即可删除图表中该数据系列,工作表中的其他数据并不受影响。

2. 添加图表数据

用户可以向图表中添加新的数据系列,也可以添加新的分类点。以添加刚才删除的"广州"数据系列为例,说明添加新的数据系列的方法。首先在工作表中添加广州的数据记录(或数据列),然后选中需要添加数据系列的图表,选择"图表"→"添加数据"命令,打开"添加数据"对话框,如图5—42所示。

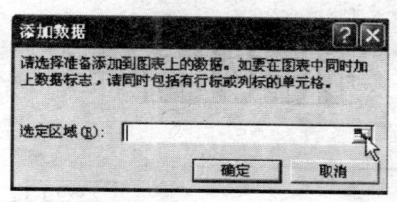

图5—42 "添加数据"对话框

在该对话框的"选定区域"文本框中输入所要添加数据的区域,单击"确定"按钮,即可将所选数据添加到图表中,产生一个新的数据系列。

添加新的分类点的方法与此相同。

3. 重排图表数据

Excel在绘制图表时,是根据指定区域中行或列的顺序安排数据系列的次序的。用户可以改变这种次序。

双击图表中某一数据系列,弹出"数据系列格式"对话框,如图5—43所示。

选择"系列次序"选项卡,在"系列次序"列表框中选择一个系列,单击列表框右边的"上移"和"下移"按钮,可以改变各个系列的次序,下面的视图窗口中同步显示更改情况,单击"确定"按钮即可完成操作。

三、图表格式设置

图表建立后,用户可以对图表的位置、大小、字体和背景等进行设置。可以使用快捷菜单和图表工具栏、图表菜单对图表进

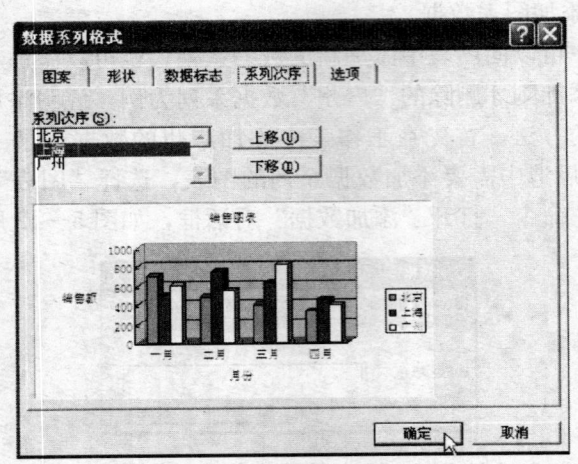

图 5—43 "数据系列格式"对话框

行格式化。

  用户用鼠标单击图表的某个区域,便可选中该区域,并显示该区域的边框和控制柄。用鼠标拖动该区域可以移动区域的位置,拖动其控制柄可以改变其大小。

  选定图表,选择"图表"→"图表类型"命令,打开"图表类型"对话框,该对话框与图 5—37 所示的对话框类似,选择"标准类型"选项卡,可以选择所需要的图表类型和子表类型。单击"图表"工具栏的"按行"或"按列"按钮,可以改变图表的分类方式为按行或按列分类。

  右击"图表区""图表标题""坐标轴标题""坐标轴"和"图例区"等,单击"快捷菜单"中的选项,可以对坐标轴格式、图例格式和图案、字体、字号、颜色和对齐方式等进行设置。

  右击"绘图区""数据点"和"数据系列"等,单击"快捷菜单"中的选项,可以对绘图区格式、图表类型、数据源、数据系列格式、数据点格式和背景墙格式等进行设置。

§5—8 预览和打印

一、页面设置

选择"文件"→"页面设置"命令,打开"页面设置"对话框,如图 5—44 所示。

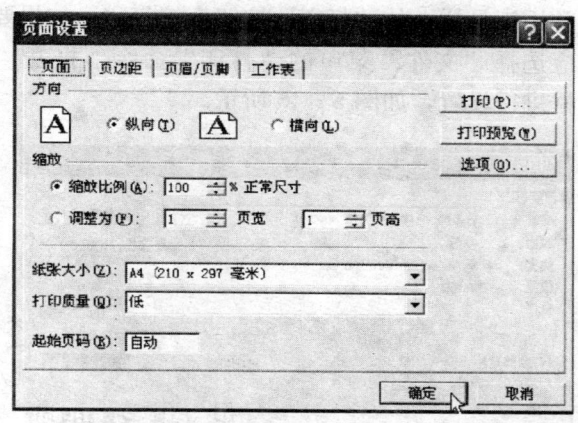

图 5—44 "页面设置"对话框

该对话框有 4 个选项卡。"页面"选项卡可以设置打印方向、缩放比例、纸张大小、打印质量和起始页码等;"页边距"选项卡可以设置上、下、左、右的页边距、页眉页脚的位置、是否水平和垂直居中等;"页眉和页脚"选项卡可以设置页眉和页脚;"工作表"选项卡可以设置打印区域,指定打印标题、是否打印网格线、批注、行号和列标,以及指定打印的顺序等。

二、文档预览

Excel 工作表编辑完成后,要进行页面设置,输入页眉和页脚。在打印之前,先要进行预览,以检查预览效果是否符合要求。

单击常用工具栏的"预览"按钮,或"文件"菜单的"打印预览"命令,进入预览视图方式,预览文档的打印效果。在预览窗口中，还可以单击"设置"按钮进行页面设置，单击"页边距"按钮设置页边距。如果是多页文档，还可以进行分页预览。如果文档有不合适的地方，单击"关闭"按钮，退回 Excel 编辑窗口继续编辑，直至预览符合要求为止。

三、打印

若文档预览认为满意，则可以进行打印。如果只打印一份，可以单击常用工具栏上的"打印"按钮直接打印。如果要进行打印设置，应选择"文件"菜单的"打印"命令，打开"打印内容"对话框进行设置，如图 5—45 所示。

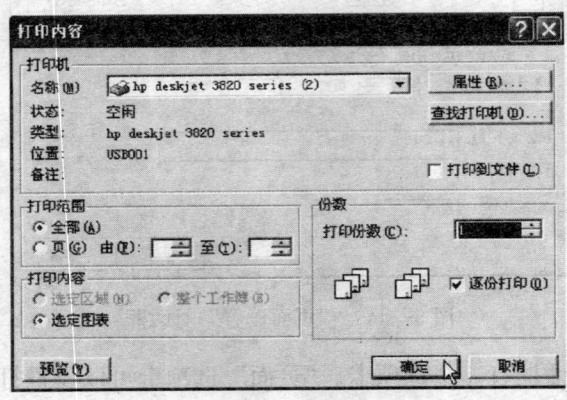

图 5—45 "打印内容"对话框

在该对话框中可以选择打印机、设置打印范围、选定打印内容、指定打印份数等。设置完毕，单击"确定"按钮进行打印。

 习题

1. Excel 中插入一行、一列或一个单元格时，插入在什么位置？删除时如何处理？
2. 单元格格式化包括哪些内容？如何进行？

3. 工作表格式化包括哪些内容？如何进行？

4. 创建一个"成绩管理"工作簿，并建立名为"学生成绩表"的工作表，其内容如下：

学号	姓名	性别	出生日期	班级号	英语	数学	计算机	备注
20020101	张扬	男	1984/4/21	01	83	90	89	
20020102	王华	女	1984/3/8	01	78	85	90	
20020103	李林	男	1983/9/10	01	83	87	86	
20020201	方芳	女	1983/10/1	02	90	91	79	
20020202	袁元	女	1984/1/25	02	82	78	83	
20020203	尤美	女	1984/5/4	02	78	74	81	
20020301	方远	男	1983/2/6	03	65	83	75	
20020302	孔方	男	1984/5/6	03	58	94	60	
20020303	高欣	男	1982/8/8	03	76	81	73	
20020401	白雪	女	1985/2/1	04	95	75	68	
20020402	王华	男	1982/12/5	04	75	79	81	
20020403	安静	女	1983/7/19	04	80	82	78	

5. 对"学生成绩表"工作表进行格式化，并进行页面设置。

6. 分类汇总显示"学生成绩表"各班各科成绩的平均分。

7. 根据"学生成绩表"创建"数据透视表"，将"性别"拖到页字段区，将"班级号"拖到"列字段区"，将"姓名"拖到"行字段区"，将"英语"和"计算机"拖到"数据区"，汇总方式设置为"平均值"，数字设置为"数值"，2位小数。单击"性别"下拉按钮，选择"全部""男""女"，分别查看显示效果。

第六章 Internet 的应用

学习要点

1. 通过学习了解 Internet 的起源与服务；
2. 熟悉 WWW 中的基本概念；
3. 掌握计算机接入 Internet 的方法；
4. 掌握 Internet Explorer 6.0 的使用。

§6—1 Internet 概述

"Internet"意译为"国际互联网"，国家标准委员会规定称之为"因特网"。Internet 已经成为世界上覆盖面最广、信息资源最丰富的计算机信息网络，为世界各地的人们提供了一种崭新的信息交流工具。用户只要连接到因特网上，就可以共享全球性的信息资源，还可以与任何位置的 Internet 用户互发电子邮件、聊天、打 IP 电话，实时收看演出或比赛等。

一、Internet 的起源

Internet 起源于美国国防部高级研究计划局（Advanced Research Project Agency，ARPA）建立的 ARPAnet 的目的是使科研人员能够共享连接在网络上的远程计算机的硬件和软件资源。

1969 年 12 月，ARPA 建成一个实验性 4 个节点的网络，这个网络开始正常运行后，增加了几百台计算机，横跨半个地球。随着计算机网络技术研究的不断深入，TCP/IP 协议的开发和使用在 ARPAnet 网络互联的整个技术中作出了巨大贡献。1983年，ARPA 把 TCP/IP 协议作为 ARPAnet 的标准协议。这个网际互联网络最初被称为"DARPA Internet"，随后简称为"Internet"，它标志着 Internet 的诞生。

在 ARPAnet 发展的同时，美国国家科学基金会建立了自己的基于 TCP/IP 协议的计算机通信网络 NSFnet，它以连接各地区主通信节点计算机的高速数据专线为主干网，不仅面向全美的大学和研究机构开放，而且允许非学术和研究领域的用户连接入网。美国国内外的许多 TCP/IP 网络都陆续与 NSFnet 相连，NSFnet 逐渐取代了 ARPAnet 在 Internet 的地位，到 1990 年，它已成为 Internet 的主干网。

二、Internet 的服务

Internet 向用户提供的各种功能称为"Internet 的信息服务"。目前 Internet 上的各种服务已达上万种，这里主要介绍几种最基本的服务功能。

1. 电子邮件（E-mail）

电子邮件是 Internet 提供的、使用最广泛的一种服务，每天有成千上万的电子信件通过 Internet 的电子邮件系统传送。很多人对 Internet 的了解，都是从收发电子邮件开始的。电子邮件的主要特点是快捷、便宜，并且支持多媒体，具有一对多的传送功能。

2. 文件传输协议（FTP）

文件传输协议提供了在 Internet 上的任意两台计算机之间相互传输文件的机制，它是应用于 Internet 上的 TCP/IP 协议组的一部分。无论两台计算机位置在何处、如何连接上网，或者是否使用了同一种操作系统，只要双方都能与 FTP "对话"，通过 Internet 便可以用 FTP 的命令来上传或下载文件。目前的许多浏览器都支持 FTP 方式访问，通过它就可以直接登录到 FTP 服务器。

3. 远程登录（Telnet）

在本地计算机上的资源不够时，我们能不能在一台计算机上去运行另外一台计算机上的程序呢？Telnet 是解决这一问题的最好方法。Telnet 的含义是，在 Internet 中一台计算机登录到另一台计算机上，并能运行其系统的一种应用程序。

4. 信息检索（Gopher）

虽然 Telnet、FTP 等都对用户使用 Internet 上巨大的资源提供了有利的帮助，但它们都有各自不同的命令集，用户不仅需要一定的学习，还必须记住资源所在的地址、路径以及文件名。Gopher 提供了菜单驱动的方式，并集成了 FTP、Telnet、WAIS 等工具，用户只要通过选择菜单就可以发出相应的命令，具体的工作则由 Gopher 自动完成。Gopher 为用户提供了一种简单而固定的检索、获取资源的方法。

5. 万维网（WWW）

WWW（World Wide Web）又称万维网，是目前 Internet 上最方便、最受用户欢迎的信息服务类型，它的出现是 Internet 发展中的一个里程碑。

下面介绍一些在 WWW 中的常用名词。了解这些名词的含义，大致也就理解了 WWW 的概念。

三、WWW 中的基本概念

1. 超文本（Hyptertext）

超文本其实也是一份文本，但它与传统的、有序的信息组织方式不同，它包含着一些可以用作链接的词或图标，用户在阅读一份超文本时，随时可以通过鼠标的点击而迅速地跳转到其他的文本中，而这些文本可能存放在服务器的不同位置，甚至可能是存放在地理位置相距遥远的另一台计算机中。超文本的最大特点是无序性。

2. 超文本标记语言（HTML）

WWW 上面的文件是用简单的标记语言写的，通常称这种语言为 HTML。超文本文件经过 HTML 的描述后，不但文字内容本身具有特殊的排版效果，更重要的是它改变了以往平面文档的浏览方式，文档中的每一点、每个词、每张图片都可能指向另外一个地方。

3. 浏览器（Browser）

浏览器是可以用来阅读那些超文本的 HTML 文档的客户程序。用户要访问 WWW，就必须在本地计算机上运行浏览器程序，它不仅为用户提供了 Internet 上丰富多样的信息资源，还提供了 Usenet 新闻组、电子邮件与 FTP 协议等功能强大的通信手段。

4. 主页（Home Page）

在 WWW 中，信息以信息页形式来显示与链接，信息页是由 HTML 语言来实现，并在信息页间建立了超文本链接以便于浏览。主页是指个人或机构的基本信息页面，用户通过主页可以访问有关的信息资源。

5. 统一资源定位器（URL）

在 Internet 中有众多的 Web 服务器，而每台服务器中又包含很多网页。用户可以使用统一资源定位器找到需要的网页。URL 就是一个通用的描述各种网络资源的表示法，标准的 URL 由 3 部分组成：

http：//www.microsoft.com/index.html

其中，http 指出要使用的协议；www.microsoft.com 指出要访问的服务器主机名；index.html 指出要访问网页的路径与文件名。

6. 超文本传输协议（HTTP）

HTTP 是一个用于超文本的通信协议，是属于 TCP/IP 协议集中的一个成员。在 WWW 中，信息资源以网页形式存储在 Web 服务器中，客户端（使用者）使用浏览器通过 HTTP 协议来向 Web 服务器发出索取资料的请求，服务器根据客户端请求的内容，再通过 HTTP 协议把某个页面发送给客户端。

由此可知，WWW 是指在 Internet 上使用"超链接"方式来浏览网络资源的一种技术，它采用超文本和超媒体的信息组织方式，将信息通过链接扩展到整个 Internet。有了 WWW，我们不必学会使用 Telnet 或 FTP 指令，只需使用浏览器浏览网页，并通过鼠标的点击就可以轻松地在世界范围的 Internet 上检索、浏览和传递各种信息。

四、计算机接入 Internet 的方法

Internet 是一个巨大的网络系统，各种计算机以及各类计算机局域网、广域网都可以和 Internet 相连。任何用户必须先接入 Internet，才能访问 Internet 中的资源，与世界各地的 Internet 用户实现通信。

将计算机接入 Internet 的方法有许多种，如：通过局域网接入、通过电话拨号接入、通过联机服务系统接入、通过 ISDN 接入和通过非对称数字环路 ADSL 接入等。这里仅介绍与一般用户有关的几种最基本的接入方法。

1. 通过局域网接入 Internet

通过局域网接入 Internet 是指用户将计算机连接到某个局域网络中，而该局域网的服务器是 Internet 上的一个主机。例如，某学校的校园网已经接入到 Internet，那么校园内部的用户计算机只要连接到校园网上，就可以访问 Internet 了。

计算机局域网（LAN）连接 Internet 可以由两种方法实现：其一是通过局域网的服务器，利用高速调制解调器和电话线路把局域网与 Internet 主机连接起来；其二是通过路由器把局域网与 Internet 主机连接起来，路由器与 Internet 主机的通信可以通过 X.25 分组交换技术或 DDN 专线实现。

通过局域网接入 Internet 所需要的条件是：

（1）联网的用户计算机需要装备网卡；

（2）ODI/NDIS 驱动程序；

(3) 用户计算机运行 TCP/IP 程序。

2. 通过 ADSL 接入 Internet

ADSL（非对称数字用户环路）是以铜质电话线为传输介质的传输技术。ADSL 在一对铜线上的上行速率是 640 kb/s～1 Mb/s，下行速率是 1～8 Mb/s，有效传输距离在 3～5 km 范围以内。

ADSL 技术的主要特点是：能在同一条电话线上同时传输数据信号和语音信号，数据信号并不通过电话交换机设备，从而减轻了电话交换机的负载；用户通过 ADSL 接入 Internet 属于专线上网方式，不需要拨号，用户可以一直在线，在上网的同时还可以像平常一样打电话；而且，ADSL 接入服务可以达到较高的性价比。

使用 ADSL 连接到 Internet 除了需要有一条电话线外，还需要如下设备及条件：

(1) 用户端的电话滤波器；

(2) ADSL MODEM；

(3) 用户计算机运行 TCP/IP 协议。

3. 通过电话拨号入网

通过电话拨号入网是利用"串行线 Internet 协议 SLIP"或"点对点协议 PPP"，通过调制解调器（Modem）、电话线与某个 Internet 服务提供商（ISP）的网络服务器的调制解调器相连，再通过拨号实现计算机与 Internet 的连接。拨号入网经济实惠，适用于个人和业务较小的单位使用。

值得注意的是，现代通信技术和计算机技术的飞速发展，为用户接入 Internet 并获得各种信息服务开辟了更多的新途径。例如，用户使用线缆调制解调器（Cable Modem），使计算机可以通过有线电视网交互式地访问 Internet。又如，让计算机通过蜂窝式调制解调器和超高频无线电波信号与 Internet 的某台服务器相连，这种方法适用于用户使用的移动式笔记本计算机，也可以通过手机直接上网。

无论采用上述哪一种方法连入 Internet，一般都需要在其计算机上安装含有 TCP/IP 协议的操作系统，并选用该协议。通常，当计算机通过局域网或电话线路与 Internet 相连时，大多安装 Windows 9x/Me/2000/XP 等操作系统。

§6—2 Internet Explorer 6.0 的使用

我们已经知道，浏览器是用来阅读超文本的 HTML 文档的客户程序。用户使用浏览器就可以方便地访问、搜索 Internet 中丰富的信息资源。目前，较常用的浏览器软件有 Internet Explorer（探索者）、Netscape Navigator（导航者）等，它们的功能和界面都很类似，在掌握了一种浏览器的使用方法之后，使用其他浏览器并不困难。本节主要介绍使用 Internet Explorer 浏览器访问 Internet 的方法。

一、Internet Explorer 6.0 概述

Internet Explorer（简称 IE）是一种功能非常强大、操作十分简便的网络浏览器，它与 Windows XP 具有统一的用户界面，而且无论是本地资源，还是 Internet 上的资源，都可以使用此浏览器浏览。

在 Windows XP 操作系统中已经集成了 Internet Explorer 6.0（简称 IE）软件。而且在 IE 软件中还包含了相应版本的 Outlook Express、Netmeeting 等软件。

单击"开始"按钮，选择"程序"菜单中的"Internet Explorer"命令，或者直接双击桌面上的"Internet Explorer"图标，都将启动 IE。如果此前已创建了 Internet 连接，并已通过拨号连入 Internet，那么启动 IE 后，就会显示如图 6—1 所示的"Microsoft Internet Explorer"浏览器窗口，图中是"微软（中国）有限公司"网页。

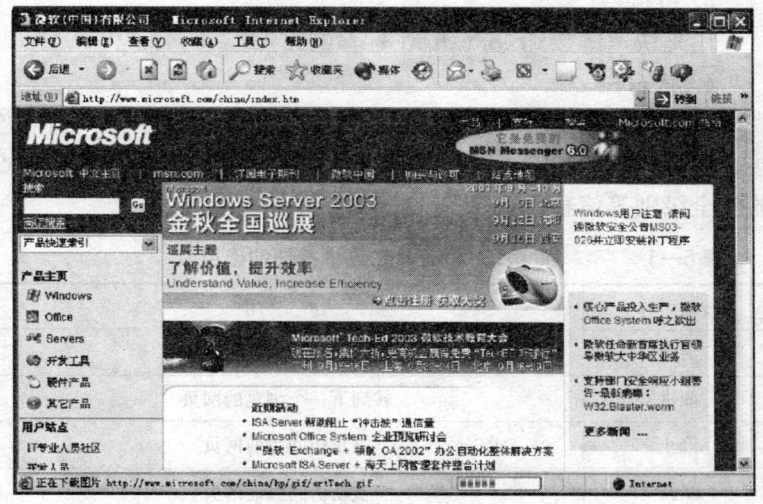

图 6—1 "Microsoft Internet Explorer"窗口

如图 6—1 所示，IE 浏览器窗口与 Windows XP 中的资源管理器十分相似。事实上，用 IE 浏览网络资源与在资源管理器中查看本地磁盘内容基本一样，不仅其基本操作一致，而且可以用同一个窗口访问网络资源和本地资源。用户可以使用"Windows 资源管理器"窗口浏览 Internet 上的网页；也可以在 IE 浏览器中查看本地计算机磁盘中的文件或文件夹。

因此，这里仅简单介绍 IE 窗口中与浏览网络资源有关的几个主要组成部分。

1. 工具栏

利用工具栏中的按钮可以快速完成一些常用操作。各按钮的作用见表 6—1。

2. 地址栏

显示当前访问网页的 URL 地址，用户可以直接在地址栏输入要访问的网页 URL 地址来打开需要浏览的网页。

3. 链接栏

用来快速链接到 Microsoft 推荐的站点。

4. 状态栏

位于窗口的底部,显示了 IE 当前的活动状态,如:当前连接、网页下载的状态、对当前菜单操作的注释以及当前连接站点的安全级别等信息。

表 6—1　　　　Internet Explorer 工具栏按钮的作用

按钮名称	作　用
后退	返回上一个浏览的网页
前进	转到下一个浏览的网页
停止	停止访问当前网页
刷新	重新访问当前网页
主页	打开默认主页
搜索	打开搜索网页
收藏	在浏览器窗口的左侧显示收藏夹
历史	在浏览器窗口的左侧显示历史记录
邮件	读取邮件与新闻
字体	改变浏览器显示文字大小
打印	打印当前网页
编辑	打开默认编辑器编辑当前网页

二、浏览 Internet 的基本方法

通过 IE 浏览器,可以很方便地浏览 Internet 上的资源。浏览网页的操作十分灵活,方法也多种多样。

1. 键入 URL 地址来浏览网页

如果知道某个网页的 URL 地址,可以通过下面两种途径键入 URL 地址来浏览网页:

(1) 直接在地址栏中输入网页的 URL 地址,按回车键即可浏览该地址的网页,这也是最常用的方法。例如,在地址栏键入以下几个 URL 地址,便可浏览相应的主页。

微软(中国)有限公司:http://www.microsoft.com/china

新浪首页:http://www.sina.com.cn

搜狐首页:http://www.sohu.com

人民日报:http://web.peopledaily.com.cn

(2) 选择"文件"菜单中的"打开"命令,弹出如图6—2所示的对话框。在"打开"文本框中输入网页的 URL 地址,单击"确定"按钮即可打开该地址的网页。

图6—2 "打开"对话框

在"打开"对话框中,如果选中"以 Web 文件夹方式打开"复选框,则允许用户像使用"我的电脑"或"Windows 资源管理器"中的文件和文件夹那样,使用 Web 服务器上的文件和文件夹。

2. 浏览曾经访问过的网页

对于曾经访问过的网页,根据不同情况使用下面这些方法就可以更方便快捷地浏览。即使用户未能记住或记全它们的 URL 地址,也同样可以访问这些已访问过的网页。

(1) 单击地址栏右边的下拉箭头,可以在下拉列表中选择已有的 URL 地址，即可打开曾经访问过的网页；同样，在使用如图 6—2 所示的"打开"对话框来打开网页时，也可以在"打开"下拉列表框中选择已访问过的网页。

（2）单击工具栏中的"历史"按钮，在窗口的左侧就会打开"历史记录"栏，其中列出了最近一周的每一天以及几周前曾访问过的网页名称，用户只需从中选择要访问的网页名称即可。

（3）用户在浏览网页时，常会点击某些链接而转入其他的网页中。此时，单击"后退"按钮，即可返回上一个网页；使用过"后退"按钮后，则"前进"按钮就变为可用状态，单击该按钮即可打开当前网页的下一个网页。

3. 使用"脱机工作"方式浏览曾经访问过的网页

如果用户只想浏览前面已经访问过的网页，可以使用"脱机工作"方式，此项功能可以减少上网时间，从而节省费用。

在浏览时，选择"文件"菜单中的"脱机工作"命令后，IE 浏览器会自动断开 Internet 连接，用户在脱机方式下同样可以使用"后退""前进"按钮来浏览已访问过的网页。此时如果打开的是未访问过的网页，将弹出"脱机状态下 Web 页不可用"对话框，单击"连接"按钮后 IE 又会自动接入 Internet，并以联机方式浏览该网页。

除了以上方法外，使用"收藏夹"也是浏览已访问过网页的常用方法，这将在后续内容中予以介绍。

4. 超链接的识别与打开

由于超链接的存在，使得浏览 Internet 中的内容变得非常容易。只要用鼠标单击网页中的超链接，就可以打开链接的部分而进入其他的网页，访问各种不同的信息。许多情况下点击了超链接都是在当前窗口中打开所链接的目标网页的，如果用户希望新打开一个 IE 窗口来浏览所链接的目标网页，则可以按住 Shift 键再单击超链接。

那么应如何识别主页中的超链接呢？超链接主要有以下

两种：

(1) 文本超链接。是以文字内容（可以是一个词、一句话等）作为超链接，通常这些文字加下划线或采用其他颜色表示。

(2) 图形超链接。是以图形作为超链接，有时用图形的边界颜色来表示超链接。

文本超链接比较容易识别，但图形超链接往往不容易区分。但无论采用文本还是图形作为超链接，在鼠标移动到主页上的超链接的位置时，鼠标指针会变成一个手形图标，并且超链接的颜色往往会发生变化，此时单击鼠标也就可以打开被链接的网页。

三、网页的保存与收藏

在 Internet 上浏览的网页，大多是经过设计者精心构思的。许多网页在给用户带来大量信息的同时，也给人带来了美的享受。在 IE 浏览器窗口中，用户可以把正在浏览的主页添加到"收藏夹"，或者保存到本地计算机中，也可以直接把它打印出来，甚至可以单独把一幅自己喜爱的图片保存起来。下面介绍 IE 的这些功能与使用。

1. 保存网页

用户把经常访问的网页或者需要较长时间来阅读其内容的网页保存到本地计算机中，就可以随时在"脱机工作"方式下，通过选择"文件"菜单中的"打开"命令的方法打开该网页。这样做可以节省连接时间和上网费用。

要保存一个当前正在浏览的网页，其操作方法是：选择"文件"菜单中的"另存为"命令，打开"保存网页"对话框（与 Word 中保存文件类似）。用户只需逐级选择要保存网页的文件夹位置，并键入文件名，单击"保存"按钮即可。被保存的网页默认为"HTML 网页"类型，用户也可以在"保存类型"下拉列表框中选择其他类型（如文本文件等）。

2. 保存图片

如果要单独保存当前浏览网页中的一幅图片，可以按下列步骤操作：用鼠标右键单击网页中要保存的图片，将弹出如图6—3所示的快捷菜单，从中选择"图片另存为"命令就会出现与文件保存类似的"保存图片"对话框，选择要保存的文件夹并输入图片文件名后，单击"保存"按钮即可。

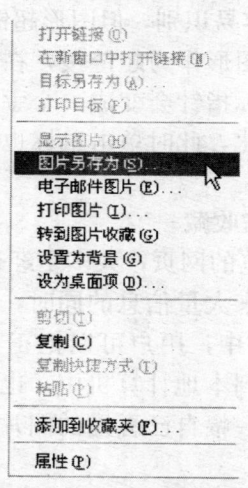

图6—3　右键单击图片所弹出的快捷菜单

3. 打印网页

如果要打印当前浏览的整个网页，应选择"文件"菜单中的"打印"命令，在弹出的"打印"对话框中设置好打印机属性等内容后，单击"确定"按钮即开始打印。用户也可以直接单击工具栏上的"打印"按钮，采用默认方式把网页打印出来。

4. 使用IE的"收藏夹"

利用IE提供的"收藏夹"，用户可以将自己喜欢的页面添加到"收藏夹"中。方便今后从"收藏夹"中选择需要打开的网页，如果在"收藏"时选择了"允许脱机使用"方式，就可以在"脱机工作"方式下浏览该网页了。

(1) 将网页添加到"收藏夹"。先打开要添加到"收藏夹"的网页，然后选择"收藏"菜单中的"添加到收藏夹"命令，打开如图 6—4 所示的对话框。

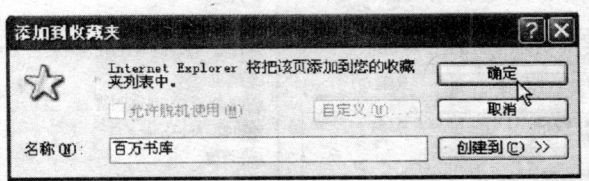

图 6—4　"添加到收藏夹"对话框

在"创建到"文件夹框中选择要保存网页的文件夹；在"名称"框中可以输入网页的名称，通常采用默认的网页名称；如果希望今后能脱机浏览该网页，则选中"允许脱机使用"复选框。最后单击"确定"按钮。

另外，在"添加到收藏夹"对话框中，用户还可以单击"新建文件夹"按钮直接在收藏夹中创建一个新的文件夹；单击"自定义"按钮，用户还可以根据"脱机收藏夹向导"的提示，对脱机浏览该网页的方式做进一步设置。

(2) 从"收藏夹"中选择并打开网页。如果已把网页添加在收藏夹中，则以后就可以直接从收藏夹中选择并打开该网页。其方法有两种：一种方法是选择"收藏"菜单或其中某个文件夹中要打开的网页名称；另一种方法是单击工具栏中的"收藏"按钮，在窗口的左侧就会显示"收藏夹"窗格，再从中选择要访问的网页名称。

(3) 整理"收藏夹"。收藏夹是本地磁盘中的一个文件夹，整理收藏夹就是将保存在收藏夹中的网页按用户的喜好进行重新整理。选择"收藏"菜单中的"整理收藏夹"命令，打开如图 6—5 所示的对话框。

在"整理收藏夹"对话框中，用户可以创建、删除、重命名

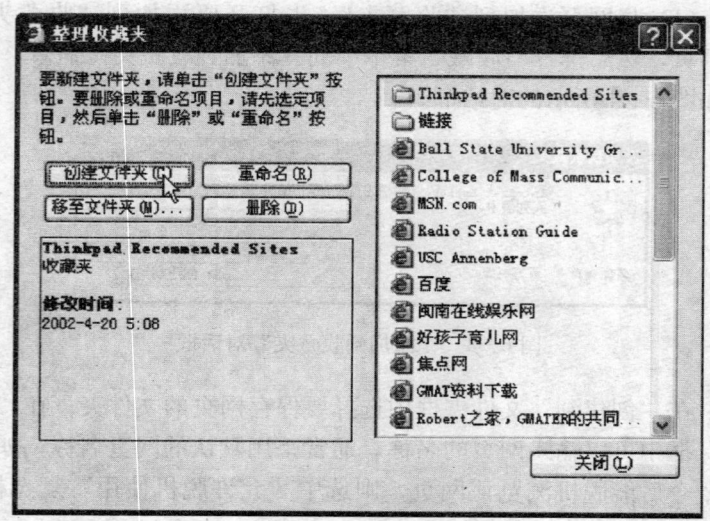

图6—5 "整理收藏夹"对话框

用来"收藏"网页的文件夹,也可以将"收藏"的网页移动到其他的文件夹中。

四、Internet Explorer 的设置

如果用户对 IE 的默认设置不满意,可以使用"Internet 选项"对话框来重新设置。在 IE 窗口中,选择"工具"菜单中的"Internet 选项"命令,打开如图 6—6 所示的"Internet 选项"对话框。

在"Internet 选项"对话框中有许多可设置项,这里仅介绍其中一些常用的设置。

1. 改变起始主页

从如图 6—6 所示的"Internet 选项"对话框"常规"选项卡中可以看出,默认的起始主页地址是微软(中国)有限公司的主页。当启动 IE 时,系统会自动打开如图 6—1 所示的"微软(中国)有限公司"主页。用户可以根据需要改变这个起始

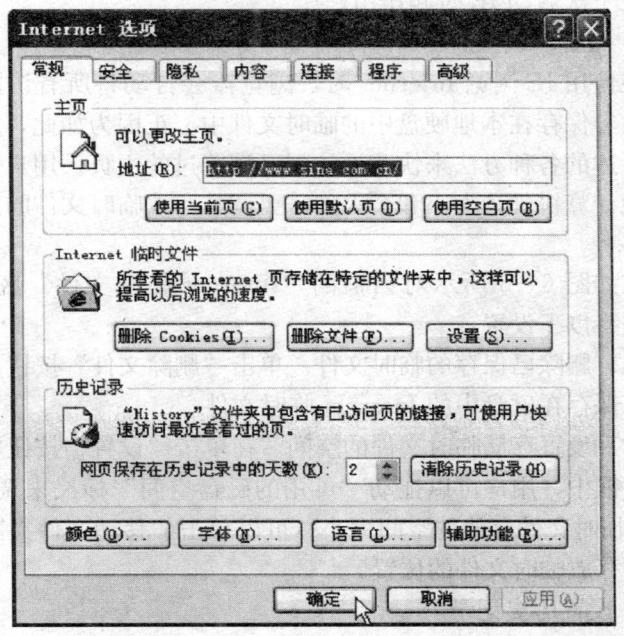

图 6—6 "Internet 选项"对话框"常规"选项卡

主页。

(1) 如果用户希望把自己喜欢的网页设定为起始主页,则可以在"主页地址"框中输入要作为起始主页的地址;

(2) 如果用户希望把当前正在浏览的网页设置为起始主页,则可以单击"使用当前页"按钮;

(3) 如果用户不希望在启动 IE 时自动打开任何网页,可以单击"使用空白页"按钮,这样在"地址"文本框中就会变成"about:blank";

(4) 如果用户要恢复默认设置,则单击"使用默认页"按钮。

完成设置后,单击"确定"按钮关闭对话框,用户所做的设置将在下次启动 IE 时起作用。

2. 设置临时文件

在使用 IE 浏览 Internet 时,浏览器会自动将所有访问过的网页内容保存在本地硬盘中的临时文件中。正因为如此,才能用前面所述的各种方法来快速地访问已浏览过的主页。用户可以根据本地计算机硬盘大小和个人的需要调整存放临时文件的空间大小。

在如图 6—6 所示对话框的"Internet 临时文件"区域中,可以进行以下设置:

(1) 删除已保存的临时文件。单击"删除文件"按钮,可以删除已保存在磁盘中的 Internet 临时文件。

(2) 设置存储临时文件的空间。在单击"设置"按钮所弹出的对话框中,用户可以拖动"可用的磁盘空间"标尺来调整 Internet 临时文件存放的空间大小;可以单击"移动文件夹"按钮来改变存放临时文件的位置。

3. 设置历史记录

在 IE 的"历史记录"文件夹中,保存了一段时期内用户曾访问过的网页链接,通过它就可以方便地打开那些曾经访问过的网页。

在如图 6—6 所示对话框的"历史记录"区域中,用户可以通过调整"网页保存在历史记录中的天数"后面的数值框来调整网页保存的时间。单击"清除历史记录"按钮,便可以删除已经保存的所有历史记录,这样既可以释放更多可用的磁盘空间,也可以避免别人在使用该计算机时脱机浏览到自己查看过的网页。

4. 网络连接设置

在"Internet 选项"对话框中的"连接"选项卡中,用户可以进行以下设置。

(1) 创建新的连接。单击"建立连接"按钮,就会打开"新建连接向导"对话框,这是创建新连接的另一种途径,其方法在上一节中已介绍过。

(2) 拨号和虚拟专用网络设置。这个区域可以添加、删除网络连接,配置代理服务器,设置默认连接,以及设置拨号连接的方式等。

(3) 局域网(LAN)设置。如果用户不是直接拨号上网,而是在局域网上通过代理服务器连接 Internet,则可以单击"局域网设置"按钮,对用户的局域网代理服务器进行设置,对代理服务器地址和端口的具体设置应咨询局域网的网络管理员。

5."高级"选项设置

"Internet 选项"对话框中的"高级"选项卡如图 6—7 所示。

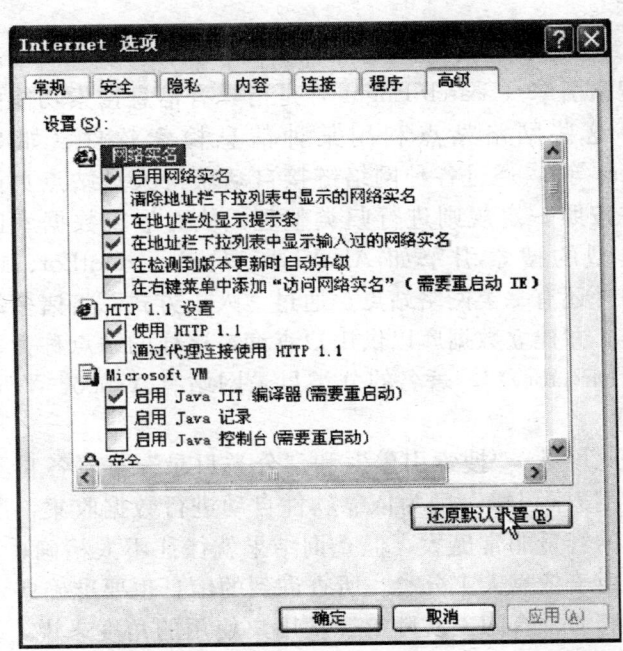

图 6—7 "Internet 选项"对话框"高级"选项卡

该选项卡中有许多内容可以设置，用于自定义 Web 页的显示方式。用户可以按照易于阅读的文字大小、字体、颜色来设置查看文本的格式；在"多媒体"区域，可以清除"显示图片""播放动画""播放视频"或"播放声音"等全部或部分复选框，以快速显示所要浏览的网页。

五、搜索引擎

Internet 上的信息资源浩如烟海，其内容涉及政治、经济、文化、科学、娱乐等各个领域以及日常生活的方方面面。随着 Internet 的不断发展，网上的信息量也在飞速膨胀。为了使人们能够迅速地搜索到所需要的信息，Internet 提供了许多查询工具，如 Gopher 服务、WAIS 服务（关键字查询工具）等。这里介绍一种目前应用最为广泛、使用最为方便的查询工具，即搜索引擎。

1. 搜索引擎的功能与特点

搜索引擎（Search Engine）是指具有信息搜索功能的网络站点。这些网络站点利用某种信息检索软件（如 Spider，Crawlers 等），通过各种网络链接自动获得大量站点页面的信息，并按照一定规则进行归类整理，从而形成数据库以备查询。典型的搜索引擎如 AltaVista、Excite、HotBot、Inktomi 等。另外还有一类网络站点，通过"人工方式"将诸多站点进行分类，并建立数据库以供用户查询，这样的站点称为"分类目录（Directory）"。著名的分类目录网站有 Yahoo、Yeah、Sina 等。

由此可见，"搜索引擎"和"分类目录"有着各自不同的特点。"搜索引擎"因为依靠软件自动进行数据收集，所以其数据库的容量非常庞大，但查询结果就往往不太精确；"分类目录"由于依靠人工分类，所查询到的信息也要准确些，但收集的内容非常有限。实际上，从用户使用的角度来说，"搜索引擎"和"分类目录"所实现的功能是一样的，都是不断地对网上已存在的和新出现的信息进行搜集、分类、保存，从而建立一个庞大的信息数据库，只不过它们所用的信息搜集方法不同而已。因此，人们习惯上把这两种类型的网站统称为"搜索引擎"。

搜索引擎在查询时是如何排序的呢？它们通常是根据一个站点的内容与查询关键词的关联程度进行排序的。但是，搜索引擎又是如何确定一个站点的内容呢？这是通过站点信息页的标题（Title）、关键词（Keywords）、描述（Description）、页面开始部分的内容等信息确定的。另一个主要的排序因素是一个站点在整个网络上的关联程度，也就是说，一个站点在网络中其他站点出现的次数（Link Popularity）。

2. 搜索引擎的使用

搜索引擎的使用非常简单。当用户要查找某种特定信息时，只需用 IE 浏览器访问搜索引擎的站点，在主页的"搜索"框中输入所要查找的信息特征（称关键词），单击"搜索"（或其他名字的）按钮，很快就能够显示出搜索结果。然后，用户只要在搜索结果中单击自己感兴趣的超级链接，就可以访问到所需的信息。

百度（baidu）是全球最著名的网络搜索引擎之一。如果用户要搜索有关"旅游"方面的网站，可以先用 IE 浏览"百度"（http://www.baidu.com）网站，如图 6—8 所示。然后在主页的"搜索"框中键入"旅游"二字，单击"百度搜索"按钮就可以得到搜索结果。

3. 搜索引擎的语法规则

从上面这个例子可以看出，在浩瀚的 Internet 信息资源中，搜索引擎为用户搜索所需要的信息带来了极大的便利。然而，上述所搜索的结果，即有关"旅游"方面的条目可能多达上千甚至上万条。如果用户只想查询"杭州"或"桂林"有关"旅游"方面的内容，显然需要缩小查询范围，但如果用"杭州桂

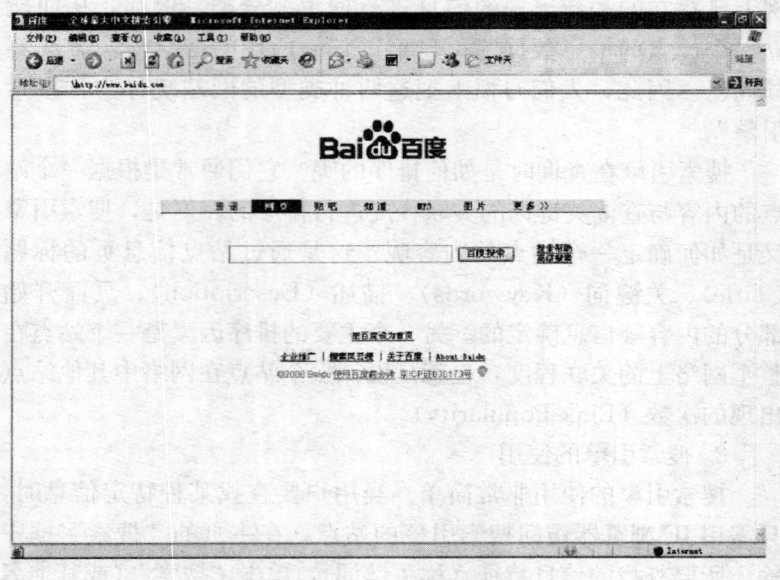

图6—8 "百度"搜索引擎

林旅游"作为关键词,可能又根本搜索不到所需的结果。因此,要尽可能准确地查询用户所需的信息,设计合理的"关键词"至关重要,这就要求用户懂得搜索引擎中所用到的语法规则。

几乎所有的搜索引擎都有各自不同的语法规则,但下面所介绍的一些基本语法规则是普遍适用的。

(1)"x and y"——表示搜索 x 和 y 的交集,既符合 x 又符合 y 的内容才符合搜索要求。其中,and 也可写成 &。

(2)"x or y"——表示搜索 x 和 y 的并集,符合 x 或符合 y 的内容都可作为搜索结果。其中,or 也可写成"|"。

(3)"not x"——表示搜索结果不包含 x。其中,not 也可写成"!"。

例如,前面我们所说的想查询"杭州"或"桂林"有关"旅

游"方面的信息,就可以输入查询关键词"(杭州 | 桂林) and 旅游"。又如,用户需要查询美国的大学但不包含哈佛大学,则可以输入查询条件"美国 and 大学 not 哈佛"。

(4) ","——用来分隔多个条件。

(5) "+"——当有多个查询条件时,表示必须符合的条件。

(6) "-"——当有多个查询条件时,表示必须排除的条件。

4. 常用搜索引擎

以下列举 Internet 中几个常用的著名搜索引擎:

(1) 雅虎中文(http://cn.yahoo.com)

(2) 百度搜索(http://www.baidu.com)

(3) 搜狐(http://www.sohu.com)

(4) Google(谷歌)搜索(http://www.google.com)

 习题

1. Internet 中主要有哪些基本服务?

2. 什么是 HTTP?什么是 URL?一个标准的 URL 包括哪几个部分?

3. 采用电话拨号连接 Internet 需要哪些条件?Modem 的主要功能是什么?

4. 一台已安装 Windows XP 操作系统的微机,若要采用电话拨号方式连接 Internet,主要应该做哪些工作?

5. 浏览器的作用是什么?IE 浏览器除了浏览 Internet 资源外,能否用于浏览本地硬盘中的内容?

6. 在 IE 中,要打开一个未浏览过的网页,可以有哪些操作方法?如果要打开刚刚在前面浏览过的网页,怎样操作更为简便快捷?如果要打开一个已保存在"收藏夹"中的网页,又该怎样

操作？

7. 在IE中，如何保存整个网页？如何保存网页中的一幅图片？

8. 在网页中，超链接一般有哪几种形式？怎样识别和打开超链接？

9. 什么是"脱机工作"方式？哪些情况下可以使用该方式浏览网页？